그리라
2

고릴라

초판 1쇄 2002년 3월 25일
초판 2쇄 2007년 8월 13일

지은이 마이클 브라이트 | 옮긴이 이충호
펴낸이 한혁수
편 집 김원숙, 이정선, 김민영, 홍연숙
       김윤정
디자인 조경숙
마케팅 모계영, 김남원, 강백산, 곽은영
제작관리 김남원, 김유미

펴낸곳 도서출판 다림 서울시 구로구
       구로동 191-7 에이스 8차 906호
전화 538-2913~4 팩스 563-7739
등록 1997.8.1. 제1-2209호
E-mail darimbooks@hanmail.net
다림 카페 cafe.daum.net/darimbooks

ISBN 978-89-87721-46-0 03490

Gorillas

ⓒ Michael Bright 2000
ⓒ BBC Worldwide Limited
BBC logo ⓒ BBC 1998

고릴라

마이클 브라이트 지음 | 이충호 옮김

다림

차 례

부드러운 거인

부드러운 거인

비룽가 산맥의 숲은 짙은 안개로 뒤덮여 있고, 공기는 축축하다.
햇살이 구름을 뚫고 비치는 순간, 날카로운 소리가 숲 속의 정적을
깨뜨린다. 울부짖는 소리는 점점 높아지다가 다시 낮은 소리로 떨어진다.
갑자기 사방이 날카로운 울음소리의 합창으로 진동하더니, 거대한 고릴라
다섯 마리가 잎을 헤치며 나아간다. 이 녀석들은 갑자기 멈춰서더니,
정수리 부분의 털을 곧추세운 채 가만히 서 있다. 뒤쪽으로 끌어당긴
입술 사이로 치석으로 뒤덮인 검은색 송곳니가 드러나고, 평상시에는
연갈색이던 눈도 노란색으로 빛난다.
이 녀석들의 공격 대상은 외톨이 수컷이다. 이 외톨이 수컷은 뒷발로
서서 손으로 자기 가슴을 두드리고 있지만, 이것은 진짜로 위협적인
행동을 취하려는 것이 아니라 체면을 세우기 위한 것이다. 이 녀석은
재빨리 기회를 틈타 도망치고, 다른 고릴라들이 짖는 소리가 그 뒤를
쫓는다. 침입자의 흔적이 완전히 사라질 때까지 이 녀석들은 위협적인
자세를 취하고 서 있다가 잠시 후 조용히 덤불 속으로 돌아간다.

◀◀ 유인원의 한 종인 서부로랜드고릴라 수컷의 모습.
고릴라는 오랑우탄, 침팬지, 보노보(피그미침팬지), 사람과 가까운 친척이다.

고릴라

성난 고릴라는 무시무시한 모습으로 변하는데, 초기의 탐험가들이 전한 이야기나 1930년대 할리우드에서 만든 영화 〈킹콩〉이 사람들에게 준 인상 때문에, 고릴라는 사악하고 무서운 동물이라는 명성을 얻게 되었다. 그러나 장난이 심한 침팬지나 교활한 비비 같은 다른 영장류 친척과는 달리, 고릴라는 평화를 사랑하는 가족적인 동물이지만, 사람과 마주치는 것은 피한다. 그래도 고릴라는 살아 있는 영장류 중에서 가장 몸집이 크고 힘센 동물로, 위협을 느낄 때면 아주 위험한 동물로 변할 수 있다. 오늘날 고릴라는 전쟁이 빈번하게 일어나거나 숲이 황폐하되어 가는 지역에 살고 있고, 또 파렴치한 밀렵꾼들의 표적이 되고 있기 때문에 생존의 위협을 받고 있다.

유럽 인이 고릴라를 최초로 목격한 기록은 기원전 470년의 일인데, 한노(Hanno)가 이끄는 카르타고의 탐험대가 아프리카 서부 해안을 탐험하면서 고릴라를 보았다. 고국으로 돌아온 그들은 '털북숭이 사람', 곧 '고릴라'에 대한 이야기를 전했는데, 그들은 고릴라를 '일종의 원숭이'로 묘사했다. 여행자들을 통해 이 힘센 동물에 관한 이야기가 다시 유럽에 전해지기 시작한 것은 그로부터 수백 년이 지나서였다.

에식스주 레이 출신의 영국 선원 앤드루 바텔(Andrew Battell)도 그 중 한 사람이다. 1625년, 그는 서아프리카의 숲 속에 살고 있던 두 종류의 동물에 대한 이야기를 전했다. 원주민들은 큰 동물을 '퐁고', 작은 동물을 '엔제코'라 불렀는데, 필시 고릴라와 침팬지를 가리켰을 것이다. 그는 이렇게 기록했다. "퐁고는 키가 사람보다 크다는 것만 빼고는 어느 모로 보나 사람과 비슷하다. 퐁고는 키가 아주 크고, 사람의 얼굴을 하고 있으며, 눈은 움푹 들어갔고, 긴 머리털은 눈썹까지 내려왔다. 얼굴과 귀에는 털이 없으며, 손에

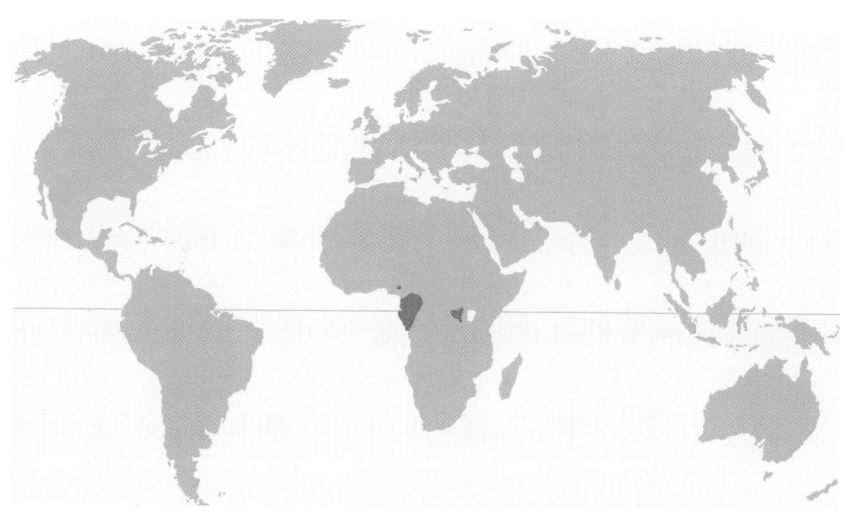

서부로랜드고릴라는 침팬지, 비비와 함께 서아프리카의 저지대 열대 우림에 서식하고 있다. 중앙 아프리카에는 동부로랜드 고릴라가 저지대 숲과 고지대에 살고 있으며, 마운틴고릴라는 화산 지역에 살고 있다.

19세기에 만들어진 이 목판화가 묘사하는
것처럼, 과학적인 연구가 이루어지기 전에는
고릴라는 나무에서 뛰어내려 사람의 목을
조른다고 생각되었다.

★ 저단백질, 고섬유질 먹이를
최대한 이용하기 위해
고릴라는 가끔은 자기 똥을
먹음으로써 먹이를 재활용한다.

도 털이 없다. 전신은 털로 뒤덮여 있지만, 별로
길지는 않고, 색깔은 회갈색이다." 바텔은 계속
해서 "퐁고가 그들이 있던 장소에 먹이를 찾으러
온 코끼리를 덮쳐 곤봉 같은 주먹으로 때려눕혔
다."고 묘사했으며, "퐁고는 열 사람이 달려들어
도 한 마리를 붙잡을 수 없을 만큼 힘이 아주 세
서 결코 생포된 적이 없다."고 썼다.

바텔이 이 기록을 남긴 후, 200년이 넘도록 새
로운 목격담은 전해지지 않았다. 그러다가 1819
년에 토머스 보드위치(Thomas Bowdwich)가 《케
이프코스트에서 아샨티까지의 선교 활동》에서
'150 cm 정도의 키에 어깨 너비가 120 cm 정도
되는 짐승'에 관해 묘사했다. 그러나 그 후로도
오랫동안 과학계에서는 고릴라에 대한 공식적인
언급이 없었다.

숲 속의 야만인

고릴라는 유인원 중 과학계에 맨 마지막으로
발견된 종이다. 네덜란드 암스테르담 출신의 니
콜라스 튈프(Nicolaas Tulp)가 1641년에 침팬지
에 대해 기술했고, 또 다른 네덜란드 인 야코프
본티위스(Jacob Bontius)는 1658년에 오랑우탄에
대해 기술했으며, 프랑스의 조르주 루이 르클레
르 콩트 드 뷔퐁(Georges Louis Leclerc Compte
de Buffon)이 1766년에 긴팔원숭이에 대해 기술
했다. 그러나 고릴라에 대한 기술은 19세기 중
반까지 과학 문헌에 나타나지 않았다. 그 때, 미
국 선교사 토머스 새비지(Thomas Savage)가 지
금의 가봉을 방문하여, "원주민들이 원숭이 비

고릴라는 유인원 중에서 맨 마지막으로 과학계에 보고된 종이지만, 일단 발견되자 사람들은 새로운 종을 발견할 때 늘 나타내는 반응을 보였다. 기념물로 가져가기 위해 쏘아 죽인 것이다.

숫하지만, 몸크기나 흉포성이나 습성이 아주 특이한 동물의 것이라며 보여 준 두개골을 보았다."

1847년, 새비지는 하버드 대학의 제프리 와이먼(Jeffrey Wyman)과 공동으로 보스턴의 〈박물학지〉에 논문을 발표했다. 그 논문은 미국으로 싣고 온 두개골 네 개와 수컷과 암컷의 골반, 다리뼈와 갈비뼈, 척추 몇 개에 기초해 쓴 것이었다. 그 뼈들은 로랜드고릴라의 것이었는데, 두 사람은 고릴라의 행동 습성에 대해서는 아무것도 말하지 못하고, 해부학에 관한 정보만 제시했다.

19세기 박물학자들은 동물의 행동을 정확하게 기술하기 위해 불쾌하고 모기가 들끓는 늪 지대에서 직접 연구를 했다. 하지만 아무 성과가 없을 것 같자, 원주민들의 이야기를 참고하기로 했다.

고릴라는 숲 속의 야만인이라 불렸고, 아주 위험한 존재로 생각되었다. 영국의 동물학자 리처드 오언(Richard Owen)은 원주민의 말을 빌려 고릴라가 숲 속을 지나가는 사람을 어떻게 공격하는지 묘사했다. "동료 중 한 사람이 나무 위로 끌려 올라가며 숨막히는 짧은 비명을 내지른다. 얼마 후, 그는 목 졸려 죽은 시체가 되어 땅으로 떨어진다." 또, 침팬지처럼 고릴라도 젊은 여자를 납치하여 숲 속에서 겁탈한다고 전해졌다. 물론 이 이야기는 훗날 악명 높은 킹콩을 탄생시키고, 야생 고릴라에 대한 인상을 나쁘게 만드는 데 기여했다. 이러한 이야기들을 감안한다면, 1859년 찰스 다윈(Charles Darwin)의 《종의 기원》과 1865년 리처드 오언의 《고릴라에 대한 회고》라

일부 전통적인 부족 사회에서는 고릴라를 경외로운 존재로 생각하며, 그 신체 일부를 마법의 성질을 지니고 있다고 여겨 부적이나 의약품으로 사용한다.

는 책이 나온 뒤, 고릴라를 인간의 가까운 친척으로 보는 견해에 대해 사람들이 믿을 수 없다는 반응을 보인 것은 충분히 이해가 간다.

현지 조사

19세기 말에 처음으로 진지한 현지 조사가 시작되었는데, 일부 박물학자들은 숲 속의 우리 속에 앉아 지내면서 관찰했다. 루퍼트 가너(Rupert Garner)도 그러한 사람 중 하나였다. 그는 고릴라를 그다지 많이 관찰하진 못했지만, 호기심 많은 다섯 살짜리 고릴라가 혀를 입 밖으로 내민 채 자기를 바라보던 모습에 대해 기술했다. 이 어린 고릴라는 숲 속에 나타난 괴상한 동물을 한참 동안 응시했던 것이다. 가너는 우리 속에 머물며 연구했는데, 그 당시 연구자들은 고릴라가 공격해 올지도 모른다고 생각했기 때문이다. 이전의 탐험가들은 자신의 모험을 용감하게 보이게 하기 위해 이야기를 멋지게 꾸미곤 했다. 그 중에서도 고전적인 이야기는 폴 뒤 셸뤼(Paul du Chaillu)가 남긴 것으로, 서아프리카를 여행한 자신의 이야기를 책으로 출판했다. 고릴라와의 만

남에 대해 그는 이렇게 썼다. "그 녀석을 보는 순간, 악몽 속에서나 만날 법한 반인반수의 무시무시한 동물이 떠올랐다." 그리고 다 자란 수컷에 대해서는 "각질의 갈고리발톱이 달린 거대한 앞발로 한번 후려치면, 가련한 사냥꾼의 내장이 터져 나오고, 가슴뼈나 두개골은 박살나고 만다."고 묘사했다.

그러나 실제로는, 고릴라는 사람을 피한다. 다 자란 수컷은 자기 무리에 너무 가까이 접근하는 침입자에게 자기 가슴을 두드리면서 고함을 지르고, 식물을 잡아뽑는 행동을 한다. 또, 상대를 향해 돌진하기도 하지만, 그것은 대개 위협용이다. 그렇지만 고릴라가 놀란 경우에는 진짜로 공격을 해 올 수도 있다. 1910년, 고릴라가 사람을 공격해 살해했다고 믿을 만한 사건이 일어났다. 우간다의 보링고 부족의 한 부족민은 우연히 고릴라 가족과 마주쳤다가 우두머리 수컷의 공격을 받아 사망했다. 그의 시체에서는 머리와 목이 떨어져 나가 있었는데, 그것은 그 근처의 땅에 흩어져 있었다. 이것은 아무런 위협을 가하지도 않은 사람을 고릴라가 공격한 아주 드문 사례이

다. 그러나 그 후로 고릴라에게 총질을 하거나 고릴라 가족을 다치게 한 사냥꾼이나 밀렵꾼이 큰 수컷 고릴라에게 살해당하는 사건이 여러 번 일어났다. 연구자들도 예외가 아니었다. 1959년, 두 일본인 연구자는 고릴라 무리를 아주 가까이에서 뒤쫓아가고 있었는데, 수컷이 그 중 한 사람에게 달려들어 부딪치고 밟고 지나가는 바람에 그 사람은 몸이 뭉개지고 말았다. 또, 영화 제작자 앨런 루트(Alan Root)는 장편 특작 영화 〈안개 속의 고릴라(Gorillas in the Mist)〉를 위해 야생 동물의 삶을 촬영하다가 큰 수컷 고릴라의 공격을 받았다.

사람들이 줄곧 고릴라를 잘못 대해 왔음에도 불구하고 고릴라가 사람들에게 더 심한 공격적 태도를 보이지 않는 게 오히려 놀랍다. 서양인이 마운틴고릴라를 맨 처음 발견한 것은 1902년이다. 벨기에의 육군 대위 오스카르 폰 베랭주(Oscar von Beringe)는 비룽가 산맥에서 고릴라와 맞닥뜨렸는데, 그는 미지의 동물을 만났을 때 사람이 흔히 나타내는 반응을 보였다. 그 중 두 마리를 쏘아 죽인 것이다. 한 마리는 골짜기로 굴러 떨어졌고, 다른 한 마리는 가죽을 벗기고 뼈를 발라 낸 다음, 영국으로 보냈다.

동물원에 보내기 위해 동물을 산 채로 잡는 사람들 역시 별로 나을 것이 없었다. 새끼를 붙잡기 위해 고릴라 무리 전체를 죽였고, 그렇게 붙잡은 새끼들 중 많은 수는 얼마 지나지 않아 죽었다. 이렇게 희생된 고릴라는 대부분 로랜드고릴라였는데, 과학자들은 이를 바탕으로 고릴라의 생화학적 특징과 진화, 해부학 및 생리학을 연구할 수 있었지만, 그 이상의 것은 알아 낼 수 없었다. 2000년 3월 현재 전세계의 동물원에는 모두 661마리의 로랜드고릴라가 있지만, 마운틴고릴라는 사육되고 있는 것이 단 한 마리도 없다. 그런데 우리가 동물원에서 보는 고릴라(로랜드고릴라)는 실제로 야생 상태에서는 어떻게 살아가는지 우리가 알고 있는 부분이 가장 적다.

 **현지 조사의 선구자들**

고릴라는 사람을 피하는 동물이지만, 현지 조사에 나선 연구자들은 조지 섈러(George Schaller)와 다이언 포시(Dian Fossey)가 개발한 방법들을 사용해 고릴라를 연구할 수 있다. 섈러는 1959년과 1960년에 처음으로 야생 마운틴고릴라를 관찰하였다. 그는 비룽가 산맥의 콩고레세 지역 미케노산 근처에 위치한 캄바라에 캠프를 마련했다. 포시는 섈러와 인류학자 루이스 리키(Louis Leakey)에게서 영감을 얻어 1967년 르완다의 비룽가 산맥에 위치한 카리소케에서 마운틴고릴라와 함께 생활했다. 불행하게도, 그녀는 몇 년 뒤에 밀렵꾼들에게 살해당했다. 그러나 그녀가 세운 연구 기지는 오늘날 많은 고릴라 연구자들이 전문가로서의 경력을 시작하는 중요한 연구 중심지가 되었다.

고릴라와 함께 있는 다이언 포시

산에서 숲까지

고릴라가 야생에서 살고 있는 지역은 아프리카뿐이다. 일부는 산 속의 숲에서 살아가고, 일부는 저지대의 열대 우림에서 살아간다. 어디서 살든지 간에 고릴라의 수는 아주 적고, 또 관찰하기에 매우 힘든 울창한 숲 속에서 살아가기 때문에, 고릴라의 일상 생활을 알아 내는 데에는 많은 시간이 걸렸다. 심지어 과학자들은 고릴라의 종류가 모두 몇 종인지조차 확실하게 말하지 못하고 있다. 2000년 4월, 워싱턴 DC에서 열린 영장류학자 회의에서 과학자들은, 고릴라는 동부고릴라와 서부고릴라의 두 종이 있고, 그 밖에 다섯 아종이 있으며, 우간다의 브윈디에 새로운 아종이 하나 더 살고 있을지도 모른다는 데 의견을 모았다. 이들 사이의 차이는 사소해 보이지만, 해부학과 발성 구조, 행동, 염색체 수, 미토콘드리아 DNA와 세포핵 DNA의 배열 등에서 얻은 새로운 정보에서 중요한 차이점들이 발견되었다. 이들의 분류 작업은 지금도 계속되고 있기 때문에, 앞으로 고릴라 종의 분류에 변화가 생길 수도 있다.

마운틴고릴라는 르완다 북서부의 화산 국립 공원과 우간다 남서부의 음가힝가 국립공원, 콩고 민주공화국 동부의 비룽가 국립공원 사이의 국경 지대에 위치한 비룽가 화산 지대, 그 중에서도 해발 2100~3650 m, 면적 728 km²의 숲에서 살고 있다. 우간다의 브윈디 국립공원에 고립되어 살아가는 마운틴고릴라 무리는 동부로랜드고릴라와 더 깊은 관계가 있는 것으로 보이며, 그것의 아종일 가능성도 있다(마운틴고릴라는 산

◀ 마운틴고릴라는 얼굴 주위에 검은색 털이 길게 나 있지만, 얼굴에는 털이 별로 없다.

◀◀ 로랜드고릴라는 검은색 털이 짧게 나 있으며, 정수리 부근의 털은 갈색 또는 불그스름한 색을 띠고 있다.

에 사는 고릴라라는 뜻이며, 로랜드고릴라는 낮은 지대에 사는 고릴라라는 뜻이다). 이 무리에게는 아직 분명한 이름이 붙여지지 않았다.

동부로랜드고릴라는 콩고 동부 지역의 탕가니카 호수와 에드워드 호수 서쪽에 있는 해발 760~2255 m의 열대 우림에 살고 있다. 이 지역은 서부로랜드고릴라 무리가 사는 지역과는 약 1000 km 떨어져 있다. 서부로랜드고릴라는 주로 가봉, 적도기니, 콩고 서부, 중앙 아프리카 공화국 남서부에서 발견된다. 세 번째 로랜드고릴라 무리는 크로스강고릴라라는 이름으로 불리며, 나이지리아 남동부와 카메룬 남부에서 발견된다. 이 무리는 멸종된 것으로 생각되었지만,

◀ 우두머리인 수컷 서부로랜드 고릴라는 등과 뒷다리의 털이 은백색이다.

▲ 동부로랜드고릴라는 서부에 사는 친척보다 털이 더 길며, 로랜드고릴라와 마운틴고릴라의 중간에 위치한 아종으로 보인다.

1987년에 나이지리아 남부에 살고 있는 것이 확인되었다. 그 전까지는 30년 동안 이 고릴라가 목격된 적이 없었다. 크로스강고릴라는 현재 지구상에서 멸종 위기에 처한 종 중 하나로 간주되고 있으며, 심각한 멸종 위기에 처한 종이라는 보호 등급이 매겨졌다.

가장 큰 영장류

고릴라는 모두 몸집이 크다. 수컷 마운틴고릴라는 똑바로 섰을 때 키가 1.7 m나 되고, 두 팔을 벌린 길이가 2.3 m, 그리고 몸무게는 227 kg까지 나간다. 이에 비해 키가 1.7 m인 성인 남자의 몸무게는 약 70 kg밖에 나가지 않는다. 암컷은 수컷보다 키가 작고, 몸집도 덜 육중하다.

수컷의 머리 꼭대기와 뒷부분에는 봉우리 모양으로 불룩 솟아오른 부분이 있는데, 이것을 능(稜)이라 한다. 능은 두꺼운 뼈로 이루어졌는데, 화살 모양의 시상릉(矢狀稜)은 두개골 중심 부분에서 밑으로 내려가고, 목덜미 부분에 솟아 있는 항릉(項稜)은 머리 뒤쪽을 지나간다. 능은 수컷이 어른이 되면서 커지며, 나이 든 우두머리가 될 때 가장 커진다. 암컷의 능은 훨씬 작다. 능은 큰 근육을 고정시키고 지지하는 역할을 한다. 예를 들면, 측두근이 턱을 움직여 식물을 씹게 할 때 그러한 역할이 필요하다.

고릴라의 이빨은 다른 유인원과 비슷하지만, 과일을 먹고 사는 침팬지나 오랑우탄에게서 볼 수 있는 편평한 송곳니는 없다. 커다란 어금니는 고릴라가 먹는 많은 양의 식물을 으깨기보다는

▲ 한 무리의 마운틴고릴라가
행동권인 산 속의 숲에 앉아 있다.
사방에는 먹이 식물이 널려 있다.
첫 식사는 대개 아침에 잠자리에서
 일어나 앉은 채 한다.

▶ 한 무리의 서부로랜드고릴라가
먹이를 찾아나선 여행의 중간 휴식
시간에 우두머리 수컷(실버백)
주위에 모여 앉아 있다.

☆ 마운틴고릴라의 창자에서
발견되는 기생충은 소와
영양의 창자에 사는 기생충과 깊은
관련이 있다. 이것은 마운틴고릴라가
주로 식물성 먹이를 섭취한다는
것을 말해 준다.

잘게 잘라 분쇄한다. 즉, 마치 사람이 도마 위에서 칼로 식물을 자르듯이 먹이를 잘라서 씹는다.

대부분의 고릴라는 털색깔이 검은색 또는 회갈색이며, 가슴과 손바닥과 얼굴의 피부는 검은색이다. 다만, 카메룬에 사는 고릴라 중에는 붉은 얼굴을 가진 것도 많다. 무리를 이끄는 우두머리 수컷은 등과 뒷다리 부분에 은백색 털이 눈에 띄게 나 있기 때문에 실버백(silverback: 은백색 등이란 뜻)이라 부른다. 어린것들은 엉덩이 부분에 흰색 술이 나 있다. 서부로랜드고릴라와 동부로랜드고릴라는 코 모양으로도 구별된다. 서부로랜드고릴라는 코 끝부분이 위로 돌출해 있다. 마운틴고릴라는 털이 더 길고, 이마가 더 높고, 콧구멍이 더 크고, 가슴이 더 넓고, 팔다리는 더 짧고, 손발이 더 넓다는 점에서 사촌인 로랜드고릴라와 차이가 난다.

암컷이나 수컷을 막론하고, 고릴라는 팔이 길고 다리가 짧으며, 가슴 폭은 넓지만 높이는 낮으며, 몸통도 짧다. 팔이 긴 것은 고릴라의 조상이 나무에서 생활했음을 시사한다. 그러나 오늘날 살아 있는 고릴라는 좋아하는 과일을 따 먹기 위해 나무를 기어오르기도 하지만, 대부분의 시간을 땅 위에서 보낸다. 엄지손가락은 사람에 비해 훨씬 작으며, 침팬지나 오랑우탄의 엄지손가락보다 훨씬 정교한 동작을 할 수 있다. 엄지발가락은 나머지 발가락들과 서로 마주 보고 있어, 고릴라는 발로 나뭇가지를 붙잡고 나무를 쉽게 오를 수 있다. 그렇지만 로랜드고릴라들에게서 발견되는 팔다리의 부상 흔적은 이들이 나무에

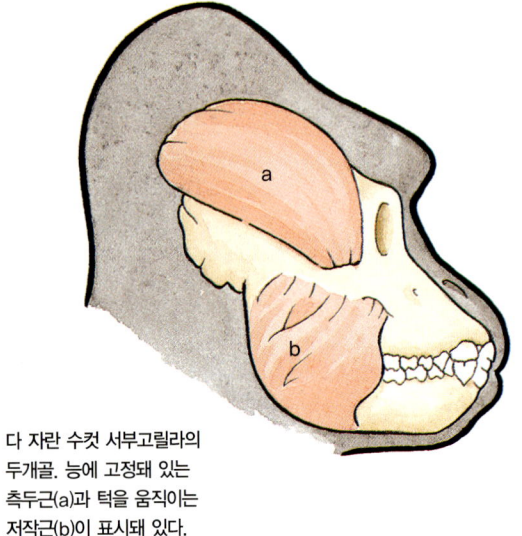

다 자란 수컷 서부고릴라의 두개골. 능에 고정돼 있는 측두근(a)과 턱을 움직이는 저작근(b)이 표시돼 있다.

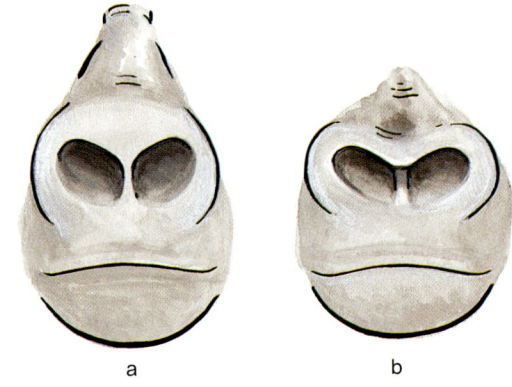

고릴라는 코를 보고서도 구별할 수 있다. 마운틴고릴라(a)는 로랜드고릴라(b)보다 콧구멍이 더 크다.

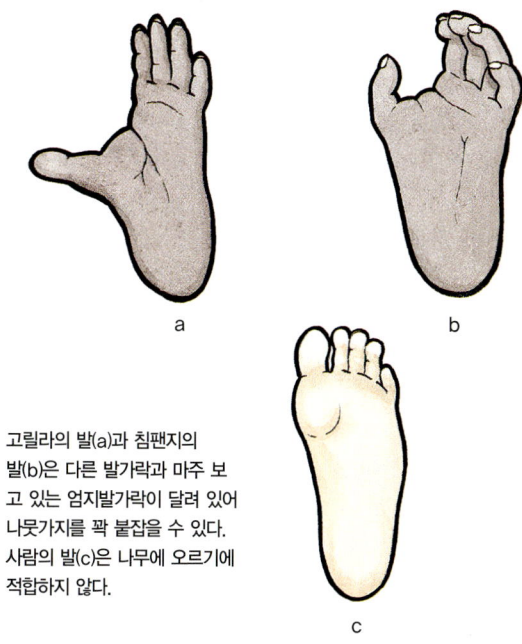

고릴라의 발(a)과 침팬지의
발(b)은 다른 발가락과 마주 보
고 있는 엄지발가락이 달려 있어
나뭇가지를 꽉 붙잡을 수 있다.
사람의 발(c)은 나무에 오르기에
적합하지 않다.

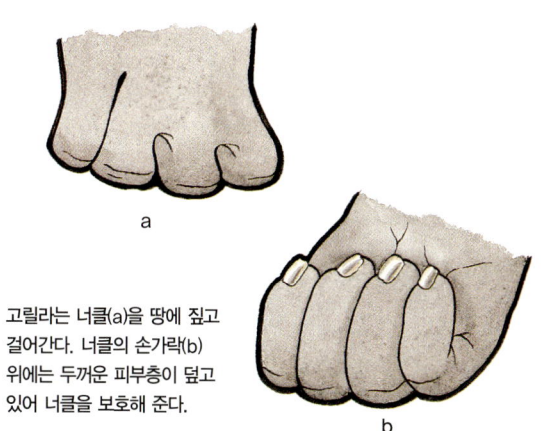

고릴라는 너클(a)을 땅에 짚고
걸어간다. 너클의 손가락(b)
위에는 두꺼운 피부층이 덮고
있어 너클을 보호해 준다.

서 종종 떨어진다는 것을 말해 준다. 긴팔원숭이
처럼 나뭇가지를 붙잡고 이동하는 것은 아주 어
린 고릴라에게서만 볼 수 있다.

　고릴라는 대개 네 발을 다 사용해 걷는다. 발
바닥은 땅에 똑바로 대고 걷지만, 손목은 약간 구
부려 너클(손가락 관절부)을 땅에 댄 채 상체 앞부
분의 무게를 지탱한다. 각 손가락의 두 번째 관절
위에는 두꺼운 피부층이 덮고 있어 마모에 잘 견
딜 수 있다. 고릴라의 골격 구조는 사람의 골격과
비슷하지만, 뼈가 더 굵고, 척추가 적절하게 구부
러져 있지 않아 오랫동안 직립 보행을 하기에는
적절치 않다. 그렇지만 고릴라는 두 발로 설 수
있으며, 위협적인 태도를 보이거나 과시를 하거
나 경쟁자와 싸우거나 서로 장난을 치며 놀 때 종
종 두 발로 서곤 한다. 고릴라는 두 발로 무려 6 m
나 달릴 수도 있다. 고릴라에게는 꼬리가 없다.

　고릴라는 귀가 아주 작고 머리에 바짝 붙어 있
으며, 외부 생식기가 겉으로 많이 드러나 있지 않
다는 점에서 침팬지와 차이가 난다. 주둥이는 짧
고 털이 없으며, 콧구멍은 나팔꽃 모양으로 벌어
져 있고, 턱이 튼튼하다. 아래턱은 견고하고 턱끝
이 없다. 작은 눈은 대개 어두운 갈색이며, 눈썹
위에 돌출한 부분인 미상융기(眉上隆起)는 눈을
보호하는 역할을 한다. 암컷이나 수컷 모두 불룩
한 올챙이배를 하고 있는데, 이것은 많은 양의 식
물을 소화하는 데 긴 내장이 필요하기 때문이다.

채식주의자

마운틴고릴라는 야생 셀러리, 엉겅퀴, 쐐기풀, 야생 버찌, 블랙베리, 고사리, 죽순 등 200여 종의 식물을 먹고 살지만, 주로 먹는 것은 갈륨덩굴인 것 같다. 고릴라는 꽃, 잎, 대, 순, 뿌리, 구근, 속, 껍질, 과일을 모두 먹는다. 비룽가 산맥에는 과일이 드물기 때문에 마운틴고릴라는 땅에서 자라는 식물을 주로 먹고 사는 반면, 서부로랜드고릴라는 과일을 많이 섭취하여 과일 먹기 챔피언 자리를 놓고 침팬지와 치열한 경쟁을 벌일 정도이다.

서부로랜드고릴라는 239종의 식물을 섭취하는 것으로 알려져 있는데, 그 중 77종이 과일이다. 서부로랜드고릴라는 다육질 과일을 좋아하지만, 건기가 되어 과일을 얻기 힘들어지면 섬유질이 많은 과일이나 마란타 같은 초본 식물, 아

프로모뭄 같은 향초류도 먹는다. 과일이 풍부한 철에도 수생 허브나 단백질과 미네랄을 많이 함유한 식물의 섬유질 부분도 먹는다. 콩고 중북부에 위치한 리쿨라 지역에서는 서부로랜드고릴라가 일 년 중 일부 기간을 습기 찬 숲 지역에서만 지내면서 수생 식물을 먹고 산다.

동부로랜드고릴라는 계절에 따라 먹이가 바뀐다. 동부로랜드고릴라가 먹는 48종의 과일은 전체 메뉴 중 $\frac{1}{4}$에 불과하다. 과일이 귀해지는 건기 동안에는 잎과 껍질뿐만 아니라 서부로랜드고릴라가 먹는 것과 비슷한 초본 식물도 먹는다. 이들의 식습성은 주로 잎을 먹고 사는 마운틴고릴라와 주로 과일을 먹고 사는 서부로랜드고릴라의 중간이다.

나무가 몸무게를 지탱할 만큼 튼튼할 경우, 마운틴고릴라는 좋아하는 과일이나 꽃을 따기 위해 나무를 타고 30 m나 꼭대기로 올라가기도 한

 **고릴라 뒤쫓기**

고릴라 연구에서 필수 조건은 '습관화' 과정이다. 연구자가 고릴라를 몇 달이고 계속 쫓아다니다 보면, 고릴라는 마침내 그 사람의 존재를 당연한 것으로 받아들이고 무시하게 된다. 연구자가 습관화 과정을 처음으로 시도해 본 무리는 마운틴고릴라였는데, 현재 우리가 야생 고릴라의 습성에 대해 알고 있는 많은 지식은 마운틴고릴라의 관찰에서 나온 것이다. 로랜드고릴라, 특히 가봉과 카메룬에 사는 로랜드고릴라는 마운틴고릴라보다 훨씬 거친데, 사람들에게 사냥을 많이 당한 탓에 사람을 경계하기 때문이다. 지난 15년 동안 연구가 계속 증가하면서 콩고 공화국 북부에 사는 고릴라들은 연구자들이 좀더 가까이 접근하는 것을 허용하고 있다. 그럼에도 불구하고, 과학자들은 고릴라가 무엇을 먹었는지 알아 내려면 잠자리에 남긴 배설물을 분석하는 연구에 의존하지 않을 수 없다. 과학자들은 잠자리의 수를 셈으로써 고릴라 무리의 크기를 짐작한다.

▶ 보금자리가 있는 산등성이에서 발견한 죽순을 먹고 있는 마운틴고릴라.

다. 예를 들면, 산비탈에 자라는 떡갈나무 비슷한 피기움나무에 열리는 자두만한 크기의 과일이나 낮은 산비탈에 자라는 베로니아나무의 꽃을 따 먹는다. 나무 줄기에 자라는 구멍장이버섯도 좋아하는 먹이 중 하나이다. 서열이 낮은 녀석이 이 버섯을 발견하면, 그것을 다른 녀석에게 뺏기지 않도록 몰래 숨겨 나무에서 내려온다. 만약 이것을 두고 싸움이 벌어지면, 실버백이 참견하여 자기가 먹어 버린다. 무리 중에서 몸집이 작고 서열이 낮은 녀석들은 해발 3000 m 지역에서 먹이를 구할 때 보복을 한다. 여기서는 고릴라가 가장 좋아하는 먹이 중 하나인 로란투스 루테오-오란티아쿠스(겨우살이의 일종)가 히페리쿰 란케올라투스(고추나물의 일종) 같은 가느다란 나무에서만 자라기 때문에, 몸집이 작은 고릴라만이 올라갈 수 있다. 몸집이 큰 녀석들은 나무 아래에 앉아 잎이 달린 꽃 부스러기가 떨어지길 기다리는 수밖에 없다.

동물성 단백질

고릴라는 먹이 속에서 수분을 충분히 섭취하기 때문에 물은 거의 마시지 않는다. 고릴라는 종종 식물 먹이에 묻어 있는 쐐기벌레나 민달팽이, 달팽이도 함께 먹기 때문에 완전한 채식주의자는 아니다. 고릴라가 이런 식으로 하루에 먹는 무척추동물의 수는 수천 마리나 되는 것으로 추정되지만, 그 대부분은 크기가 아주 작은 것이어서 하루에 섭취하는 양은 2g 정도에 불과하다. 고릴라는 의도적으로 땅벌레나 그 밖의 유충을

해발 고도에 따른 주요 먹이

고산 지대 3500 m 이상
마운틴고릴라 수염가래꽃, 목본개쑥갓

대나무숲 2500~3000 m
마운틴고릴라 대나무

산악 열대 우림 1500~3500 m
마운틴고릴라 (2100~3500 m) 칼륨덩굴, 셀러리,
쐐기풀, 엉겅퀴

저지대에서 산악에 걸친 열대 우림 760~2255 m
동부로랜드고릴라 과일, 아프로모뭄

저지대 열대 우림 1500 m 이하
서부로랜드고릴라 감, 콜라 리재, 수생 허브

◀ (a) 엉겅퀴를 먹고 있는 암컷 마운틴고릴라.
(b) 덩굴식물, 쐐기풀, 셀러리도 고릴라가 좋아하는 먹이이다.
(c) 이 암컷은 먹이에 둘러싸여 있기 때문에 다른 고릴라와
먹이를 놓고 다투지 않는다.

 고릴라는 감나무의 일종인 디오피로스 마니에 열린 익은 감을 먹지만, 덜 익은 감은 성가신 털로 덮여 있기 때문에 먹지 않는다.

잡아먹기도 한다.

마운틴고릴라와 동부로랜드고릴라도 개미를 즐겨 먹는데, 특히 고통스러운 침을 쏘는 침개미과에 속하는 여섯 종의 개미를 좋아한다. 고릴라는 이동하길 좋아하는 병정개미의 집을 포함해 개미집을 의도적으로 찾는데, 일단 개미집을 찾으면 한 손 가득 개미를 집어 올려 핥아먹는다. 이 때, 공격적인 개미들이 물거나 쏘면, 고릴라는 자기 팔이나 다리를 탁 때리기도 한다. 서부로랜드고릴라는 베짜기개미를 먹지만, 흰개미도 좋아한다. 침팬지처럼 풀이나 나뭇가지를 이용해 낚시질을 하는 대신에 서부로랜드고릴라는 단순하게 힘을 사용해 개미집을 부순 다음, 흰개미를 한 손 가득 움켜쥐어 입 속에 집어 넣는다. 개미와 흰개미는 고릴라가 식물성 먹이를 먹으면서 함께 섭취하는 벌레보다 더 많은 동물성 단백질을 공급한다. 그러나 개미와 흰개미를 먹는 경우는 드문 편이며, 영양상으로도 별로 중요한 것 같지 않다. 그보다는 그저 별미를 맛보는 것으로 생각된다. 어린 고릴라는 다 자란 암컷보다 더 자주 개미를 먹는 경향이 있으며, 실버백은 개미를 먹는 것이 발견된 적이 한 번도 없다.

균형 잡힌 식사

고릴라의 배설물을 연구한 결과는 고릴라가 균형 잡힌 식사를 하려고 노력한다는 것을 보여준다. 예를 들면, 고릴라는 당분이 많은 특정 과일과 지방이 적게 포함된 과일 씨를 선택한다(일반적으로, 고릴라는 지방이 많은 과일을 피한다).

로랜드고릴라는 주로 과일을 먹고 산다.
그렇지만 과일이 귀해지면, 잎과 줄기도 먹는다.

식물의 줄기와 껍질은 섬유질을 섭취하는 데 좋으며, 새 잎사귀는 단백질이 풍부하다. 고릴라는 알칼로이드(카페인, 모르핀, 스트리크닌도 알칼로이드이다)를 많이 함유한 식물처럼 방어를 위해 독을 지닌 식물은 피한다. 그렇지만 페놀류나 타닌산(떫은 맛이 나 먹기에 불쾌한)에는 그다지 민감하지 않다.

고릴라는 큰 몸집을 유지하기 위해 많은 양의 먹이를 섭취해야 한다. 큰 수컷 마운틴고릴라는 하루에 식물을 23kg까지 먹는다. 고릴라는 식물을 밟음으로써 자라는 식물에 해를 입히기도 하지만, 먹이를 얻는 장소를 완전히 망가뜨리지는 않는다. 소나 들소는 날카로운 발굽으로 식물의 줄기를 산산조각내지만, 고릴라의 손발은 살로 메워져 있어, 식물에 큰 해를 입히지 않고 그냥 땅 속으로 밀어넣는다. 반쯤 파묻힌 줄기에서도 순이 돋아나며, 쐐기풀이나 엉겅퀴 같은 식물은 아주 빨리 자란다.

고릴라는 선택적으로 먹이를 섭취하기 때문에 항상 충분히 많은 식물이 남아서 다시 자랄 수 있다. 그러나 여러 고릴라 무리의 행동권이 겹칠 경우, 그들의 서식지가 그대로 유지될 가망은 적을 것으로 생각된다. 일부러 일부 식물을 손대지 않고 남겨 둬 봐야 다른 무리가 와서 그것을 뽑아 버릴 것이기 때문이다. 다행히도, 고릴라들이 사는 숲은 먹이 식물이 아주 다양하게 존재하기 때문에, 굶주린 여러 고릴라 무리가 같은 장소를 지나간다 하더라도 그 곳의 먹이 식물이 완전히 없어질 것 같지는 않다.

흙을 먹는 고릴라

건기가 되면 마운틴고릴라는 가끔 깊은 흙이 드러난 지역에서 흙을 파 먹는다. 그 흙은 화산암과 석영, 인회석, 자철석 같은 광물로 이루어져 있다. 그 흙에는 칼슘과 칼륨이 풍부하게 들어 있으며, 철, 알루미늄, 나트륨, 브롬화염도 포함돼 있는데, 이것은 내장의 질병을 치료하는 데 효과가 있는지도 모른다. 흙에는 또한 점토도 포함돼 있는데, 고릴라는 먹이 속에 포함된 식물 독을 중화하기 위해 그것을 먹는다. 고릴라는 흙을 손으로 퍼올린 다음, 손바닥으로 거친 입자를 고운 가루로 간다. 르완다의 비룽가 산맥 비소케 산에 사는 마운틴고릴라들은 나무 뿌리 아래로 아주 큰 구멍들을 뚫어 사실상 고릴라 동굴을 파 놓았다.

암석 물질로 영양을 보충하는 마운틴고릴라.

사회 생활

사회 생활

고릴라는 모든 유인원 중에서 가장 안정된 사회 집단을 이루고
산다. 고릴라 가족에게 가장 위협적인 존재는 다른 고릴라인데,
그 중에서도 특히 함께 사는 무리가 없이 혼자 돌아다니는 실버백이다.
무리를 이끌고 있는 실버백은 다른 경쟁자를 물리칠 수 있을 만큼
강해야 한다. 어른 고릴라들은 몇 년 이상 함께 살기도 하며,
무리의 크기는 다양하다. 마운틴고릴라는 로랜드고릴라보다 더 큰
가족 무리를 지어 살며, 주로 잎을 먹고 산다. 마운틴고릴라는
먹이 식물이 풍부한 곳에서 살아가기 때문에 구성원끼리 먹이를 놓고
서로 경쟁할 필요가 거의 없다. 먹이 걱정이 없기 때문에 마운틴고릴라는
큰 가족을 이끌 수 있으며, 먹이를 찾아 돌아다니는 거리도 하루에
1km 정도로 비교적 짧다. 반면에, 로랜드고릴라는 주로 과일을
먹고 사는데, 과일은 특정 계절에만 열리고 그 양도 한정돼 있기 때문에
좋은 과일 나무를 놓고 종종 경쟁이 벌어지곤 한다. 서아프리카에
살고 있는 로랜드고릴라 무리는 구성원의 수가 적고, 하루에
약 4 km까지 비교적 먼 거리를 이동한다.

◀◀ 한낮의 휴식 시간에 서로 놀고 있는 마운틴고릴라 무리. 어미와 새끼들이
함께 놀지만, 다른 영장류에서 볼 수 있는 털고르기 행동은 거의 볼 수 없다.

하렘

마운틴고릴라와 로랜드고릴라는 모두 비교적 작은 가족 무리를 이루어 살며, 가장 몸집이 크고 강한 수컷인 실버백이 무리를 이끈다. 대개의 경우, 한 가족은 실버백을 중심으로 8~13세의 젊은 수컷 한 마리, 다 자란 암컷 3~4마리의 하렘(harem: 수컷 한 마리를 중심으로 살아가는 암컷들의 무리)과 8세 미만의 어린것 3~6마리로 이루어진다. 무리의 크기는 2~35마리로 다양하며, 혼자 사는 녀석도 있고, 수컷으로만 이루어진 무리, 암컷으로만 이루어진 무리도 있다. 여러 종류의 구성원으로 이루어진 5~10마리의 무리가 가장 보편적이다.

일부 암컷들은 평생 동안 실버백과 함께 지내기도 하지만, 무리의 구성원은 늘 똑같이 유지되지는 않는다. 어린것들이 다 자라면 무리를 떠나기도 하고, 실버백이 죽거나 더 강한 수컷이 이끄는 다른 무리를 만나는 등의 상황 변화에 따라 암컷과 젊은 수컷이 무리에서 떠나기도 한다. 어린 암컷이 다 자라면 종종 유혹을 받아 다른 무리로 떠나는데, 다른 실버백의 하렘에 들어가거나 아니면 홀로 사는 수컷과 함께 새로운 무리를 만들기도 한다.

비비와 같은 다른 영장류 무리에서는 암컷은 그냥 태어난 무리에 머물면서 서로 혈연 관계를 맺는 경향을 보인다. 그러나 한 가족 무리 안에서 살고 있는 암컷 어른 고릴라들은 서로 혈연 관계가 없다. 이것은 여러 가지 문제를 야기한다.

고릴라는 소리를 통해 의사 소통을 하지만, 많은 대화는 단순한 얼굴 표정을 통해 이루어진다.

몸집이 큰 우두머리 실버백은 휴식 시간에 마운틴고릴라 무리의 초점이 된다.

암컷 마운틴고릴라가 실버백의 털을 골라 주고 있다. 그러나 실버백이 암컷의 털을 골라 주는 경우는 거의 없다.

서로 혈연 관계가 없기 때문에 암컷들끼리 서로 충돌할 가능성이 있는데, 특히 먹이를 구하는 장소나 실버백에게 접근하기 위한 경쟁 때문에 충돌이 일어난다. 이러한 긴장을 완화시켜 줄 사회적 장치도 거의 없다. 무리에는 일종의 서열이 있는데, 이것은 무리가 한 줄을 지어 이동할 때 알 수 있다. 서열이 높은 놈일수록 앞에 서서 간다. 그러나 이 느슨한 서열은 다른 영장류 무리와는 달리 심각한 갈등을 해결하는 데 별 영향력을 발휘하지 못한다.

무리 내의 평화 유지

어른 고릴라가 서로 털고르기를 해 주는 경우는 매우 드물다. 어미와 새끼는 서로 털을 골라 주며, 서로 혈연 관계가 있는 암컷끼리도 털을 골라 준다. 암컷들은 실버백의 털을 골라 주지만, 실버백이 암컷의 털을 골라 주는 경우는 거의 없다. 침팬지와 비비는 단지 피부에 붙어 사는 기생충과 오물을 떼어 낼 뿐만 아니라, 기분을 좋게 해 주기 위해 털을 골라 줌으로써 서로의 유대를 강화한다. 고릴라의 경우, 갈등을 진정시키는 한 가지 방법은 제 3자를 개입시키는 것이다. 다른 고릴라에게 보호나 도움을 요청하는 이 전략은 어린 암컷이나 서열이 낮은 수컷이 주로 사용하지만, 다 자란 암컷은 이 방법을 사용하지 않는다. 어린 고릴라는 어미에게 도움이나 지원을 구할 수 있고, 암컷은 다 자란 수컷에게 도움을 청할 수도 있다.

어미고릴라들은 서로 단결하는 경향이 있으며, 같은 무리에서 태어나 혈연 관계가 있는 암컷들은 서로를 돕는다. 혈연 관계가 없는 암컷끼리는 서로 돕는 경우가 드물지만, 오랫동안 함께 살아온 놈들끼리는 동맹 관계를 맺기도 한다. 이들은 함께 살아온 동료끼리는 서로 돕지만, 외부에서 새로 들어온 고릴라에게는 도움을 주지 않는다. 외부에서 들어온 녀석은 적대적인 태도에 마주치게 된다. 이것은 무리의 이동 시간과 식사 시간이 증가하는 반면 휴식 시간이 감소하거나, 어미와 새끼가 함께 보내는 시간이 더 많아지는 것에서 알 수 있다. 이것은 긴장이 높아졌음을 의미한다. 큰 무리에 암컷이 새로 들어갈 경우, 기존의 암컷들로부터 괴롭힘을 당하기 쉬운데, 무리가 클수록 실버백이 간섭하여 갈등을 해결할 여지가 적어지기 때문이다.

실제로 무리의 평화를 유지하는 것은 실버백이다. 실버백의 공격적인 행동이 심해지면, 암컷들 사이의 적대 행위가 감소한다. 동성 경쟁자들은 서로를 피하는 경향이 있지만, 그것이 불가능할 경우에는 말다툼이건 몸싸움이건 충돌이 불가피하다. 서로 고함을 지르는 싸움이 일어나면, 실버백이 달려와서 싸우는 녀석들을 때린다. 만약 두 마리 이상이 동맹 관계를 맺고 있다면, 그것들이 모두 힘을 합하여 다른 한 마리에게 달려드는데, 그 때에도 실버백이 간섭하면 동맹은 해체된다. 싸움이 가라앉으면, 싸움에 뛰어들었던 암컷들은 실버백의 비위를 맞추려고 노력하기도 하지만, 자기들끼리는 화해하지 않는다.

요컨대, 암컷 고릴라들끼리 함께 지내는 시간은 거의 없는데, 실버백과의 관계에서 얻는 혜택이 다른 암컷과의 관계에서 얻는 것보다 훨씬 크기 때문이다. 그래서 암컷들은 자기들끼리보다는 우두머리 수컷과 더 많이 접촉한다. 실제로, 암컷 고릴라들은 실버백이 나타나면 먹던 것도 멈추고 실버백에게 주의를 집중한다. 암컷이 다른 암컷에게 관심을 보이는 경우는 적대적인 관계일 때뿐이다.

 ## 고릴라의 질병과 기생충

야생 고릴라는 다양한 바이러스성 질병과 세균성 질병에 걸리며, 창자에도 기생충이 기생한다. 예를 들면, 마운틴고릴라는 일반 감기와 비슷한 증상을 나타내는 병에 걸린다. 많은 고릴라는 십이지장충과 비슷한 선충에 감염된다. 어떤 고릴라들은 핏속에서 회충의 유충이 발견되었고, 창자 속에서 촌충과 회충이 발견되었다. 서부로랜드고릴라에게서는 사람에게 열병을 옮기는 리피키케팔루스 아펜디쿨라투스 종의 진드기가 발견되었다. 일부 고릴라에서는 심한 상처와 기형을 남기는 전염병인 딸기종과 비슷한 증상이 목격되기도 했다. 또, 나병과 비슷한 세균성 피부 감염에 걸린 고릴라도 있다. 로랜드고릴라에게서는 흡충(디스토마 같은)이 발견되었으며, 말라리아 원충 같은 여러 가지 병원체도 발견되었다.

가족 간의 대화

실버백이 무리의 우두머리라는 것은 논란의 여지가 없다. 대개의 경우, 공격적인 표정으로 노려보거나 머리를 홱 돌리는 것만으로도 충분히 무리의 평화를 유지할 수 있다. 고릴라는 다양한 얼굴 표정을 통해 무리 내의 다른 고릴라에게 자신의 마음 상태를 전달한다. 긴장된 상태를 나타낼 때에는 눈을 크게 뜨고 입술을 오므린다. 하품은 스트레스를 나타내고, 혀를 내미는 것은 불확실한 것이나 집중을 나타낸다. 실버백은 두려움을 느끼거나 화가 날 때, 정수리 부분의 털이 곤두선다.

서부로랜드고릴라에게서 볼 수 있는 한 가지 흥미로운 행동은 암컷과 어린것들이 손뼉을 치는 것이다. 이들은 불안을 느낄 때 이러한 행동을 취하는 것 같으며, 그 소리는 실버백에게 잠재적인 위협(예컨대, 현지 조사에 나선 과학자가 접근하는 것)이 다가오고 있다는 것을 알린다. 실버백은 외마디 고함 소리로 반응을 나타낸다. 의사 소통은 단지 신체 언어나 손뼉 소리뿐만이 아니라, 우우거리는 소리, 꿀꿀거리는 소리, 기침, 트림, 콧방귀, 딸꾹질 등의 다양한 소리를 통해서도 이루어진다. 마운틴고릴라가 내는 소리 중에서 분명히 구별되는 소리는 약 15가지다. 자기 세력권에서 우우거리는 소리는 숲 속으로 약 2 km나 전달된다. 이 소리가 침팬지가 내는 소리와 비슷한 것으로 보아, 이들의 공통 조상도 비슷한 소리를 냈을 것이다.

고릴라는 먹이를 찾을 때 서로 시야에서 사라

지는 경우가 있기 때문에, 꿀꿀거리는 소리를 계속 냄으로써 무리에서 벗어나는 것을 방지한다. 돼지가 내는 것과 비슷한 꿀꿀거리는 소리와 콧방귀 소리는 먹이를 찾아 나설 때 자기 권리를 주장하는 소리처럼 보인다. 깊은 트림 소리나 이중의 꿀꿀거리는 소리는 먹이를 먹거나 휴식을 취하거나 이동을 하거나 사회적 활동을 할 때 자주 들을 수 있다. 따라서, 이 소리는 '만사 OK' 또는 만족감을 나타낸다는 것을 알 수 있다. 이 소리에는 두 종류가 있다. 하나는 뒷부분이 내려가는 이중의 꿀꿀거리는 소리로, 잠깐의 침묵 뒤에 내며 다른 고릴라의 응답을 이끌어 낸다. 또 하나는 뒷부분이 올라간 이중의 꿀꿀거리는 소리로, 다른 고릴라가 꿀꿀거리는 소리를 듣고 나서 5초 이내에 낸다. 이중의 꿀꿀거리는 소리는 상당히 복잡한데, 고릴라마다 각자 고유한 소리가 있으며, 서

▲ 실버백도 잠은 어쩔 수 없다. 실버백의 잠자리는 대개 땅 위에 마련된다. 다른 고릴라들은 나무 위나 덤불 속에 잠자리를 마련한다.

◀ 실버백이 뚫어질 듯 노려보기만 해도 소란을 피우던 다른 고릴라들이 제자리로 돌아간다.

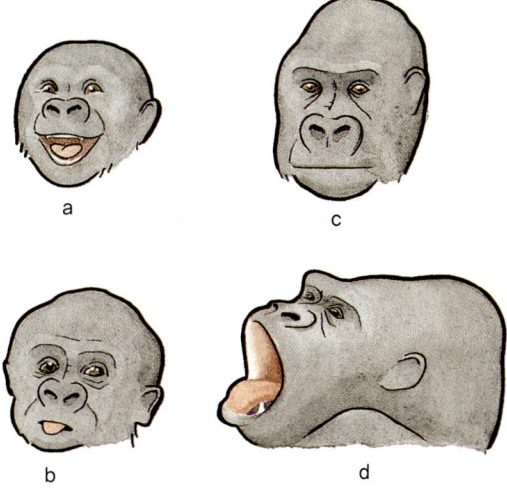

얼굴 표정: (a) 간지럼을 태우자 미소를 짓는 새끼고릴라.
(b) 집중을 하면서 혀를 내미는 어린 고릴라.
(c) 입술을 빨거나 입을 꼭 다문 어른 수컷 고릴라.
(d) 하품을 하는 어른 수컷 고릴라.

 ## 고릴라의 잠자리 만들기

고릴라는 매일 밤마다 잠자리를 새로 만든다. 나뭇가지를 구부려 엮어 그 위에 올라가 잘 수 있는 지름 80~100 cm의 튼튼한 단을 만든다. 다 자란 수컷은 땅에서 자거나 땅 가까이에서 잔다. 큰 놈일수록 땅 가까이에서 잔다. 지상의 잠자리는 풀이나 잔가지, 잎 등으로 만들기도 한다. 대나무숲에서는 고릴라가 대나무 줄기를 엮어 천연 '스프링 매트리스'를 만드는 것이 목격되기도 했다. 어린 녀석들과 새끼가 딸린 암컷은 흔히 Y자 모양으로 갈라진 나뭇가지에 잠자리를 만든다. 다른 고릴라도 대부분 이 방법을 사용한다. 먼저, 튼튼한 나뭇가지 세 개를 자기 쪽으로 끌어당기면서 그것을 구부리고 발로 밟아 누른다. 그리고 작은 가지들을 끌어당겨 이 구조 위에 엮은 다음, 바닥에 잔가지와 잎을 깐다.

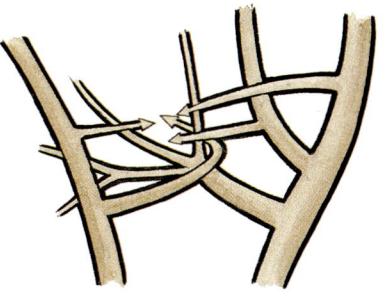

작은 가지들을 서로 엮어 잠자리를 단과 같은 모양으로 만든다.

열이 높은 놈일수록 더 자주 소리를 낸다. 현지 조사에 나선 연구자들은 이 소리를 흉내내는 법을 배워 고릴라 무리를 뒤쫓아갈 때 사용한다.

고릴라는 화창한 날에는 가르랑거리는 소리도 내며, 때로는 웅얼거리는 소리도 내고, 숲 속에서 흩어질 때에는 워워거리는 소리를 내며, 이성에게 관심을 표시할 때에는 말처럼 히히힝거리는 소리를 낸다. 어린것들은 놀 때 낄낄거리기도 하며, 블랙백(어린) 수컷들은 위협적인 존재가 접근하거나 다른 고릴라를 위협할 때 짖는 소리를 낸다. 암컷끼리 싸우거나 고릴라 무리가 사람과 맞닥뜨리는 급박한 상황에서는 비명 소리나 고함 소리를 낸다. 가장 크고 강한 고함 소리는 화가 난 실버백이나 블랙백이 내는 것이다.

고릴라의 위협 동작

무리 중의 어떤 고릴라라도 하루 중에 한 번은 자기 가슴을 두드린다. 이것은 "나 흥분했어." 또는 "나 짜증나."라고 말하는 것이다. 그러나 완전한 위협 동작은 우두머리 수컷의 전유물이다. 이것은 아홉 단계로 이루어지는 일련의 소리와 몸동작으로 나타난다. 맨 먼저, 실버백은 우우 하는 소리를 내는데, 처음에는 천천히, 나중에는 빠르게 소리를 낸다. 실버백은 먹이를 먹을 것처럼 하다가 이 동작의 강도가 높아지면 똑바로 일어서서 식물을 집어던지기 시작한다. 다섯 번째 단계는 둥글게 만 주먹으로 가슴을 두드리는 것이며, 그 다음에는 한 다리로 땅을 차기 시작한다. 그러고는 갑자기 달리기 시작하면서(두 다리로 또는

 고릴라는 깨어 있는 시간의 약 45%를 먹는 데 사용하고, 33%는 휴식을 하는 데, 그리고 22%는 이동하는 데 사용한다.

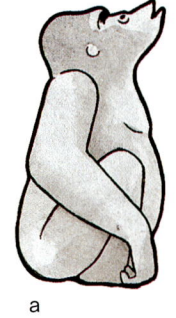

실버백의 위협 동작 가운데 첫 두 단계는, 처음에는 천천히 그 다음에는 빠르게 우우 하는 소리를 내는 것이다(a). 그 다음 단계들은 먹이를 먹을 듯한 행동을 취하고(b), 먹이를 던져 버리고(c), 가슴을 두드리고(d), 한쪽 다리를 쿵쿵 굴리고(e), 달려가고(f), 식물을 잡아뜯고(g), 손바닥으로 땅을 두드리는(h) 행동으로 이어진다.

실버백 마운틴고릴라가 위협적인 자세를
취하고 있다. 이 녀석은 지금 사진 작가에게
물러가라고 말하고 있다.

지즈라는 이름의 실버백 마운틴고릴라가
위협적인 태도를 보이기 위해 가슴을
두드리고 있다.

▲ 하품을 하는 실버백 마운틴고릴라.
강한 턱과 이빨이 가히 위협적이다.

◀ 입을 크게 벌리고 송곳니를 드러내는
것은 실버백 로랜드고릴라의 위협적인
동작 가운데 하나이다.

현지 조사 연구자들은
얼굴과 몸의 모양을 보고서
고릴라들을 각각 구별할 수 있는데,
코 모양을 보고서도 구별한다.
고릴라의 코는 사람의 지문처럼
각자 다르다.

네 다리로), 식물을 치거나 잡아뽑는다. 이 일련의
동작은 손바닥으로 땅을 치는 것으로 끝난다.

고릴라는 대개 소극적이고 겁이 많은 동물이
며, 실버백은 침입자에게 겁을 주거나 나머지 무
리에게 숲 속으로 도망칠 시간을 줄 필요가 있을
때에만 이러한 행동을 내보인다. 암컷이나 다른
무리를 빼앗기 위해 나타난 외톨이 실버백을 쫓을
때에도 이 동작을 취한다. 때로는 강한 도전자를
만날 수도 있지만, 진짜 싸움으로 이어지는 경우
는 드물다. 예를 들어 두 무리가 만났을 경우, 서
로 우우거리는 소리를 지르다가 각 무리의 우두머
리가 상대 무리의 크기를 가늠하면서 앞으로 나서
면 소리가 멎는다. 몸집이 더 크고 나이가 더 많고
더 자신감 있는 쪽이 상대방을 향해 다가가지만,
1~2 m 떨어진 곳에서 멈춰 선다. 두 마리는 뻣뻣
한 자세를 취하지만, 서로 눈길을 피한다. 나머지
무리는 꼼짝도 않고 앉아서 어떤 일이 일어날지
지켜본다. 두 마리 중 한 마리(대개는 나이가 적은
쪽)가 침묵을 깨고 가슴을 두드리기 시작한다. 그
러면 나이가 많은 쪽도 똑같이 가슴을 두드린다.
이러한 행동을 취한 뒤에 고함을 지르면서 돌진하
면, 젊은 실버백은 잽싸게 달아난다.

진짜로 싸움이 벌어지면 모든 고릴라는 부상
을 각오해야 한다. 특히 어린것들은 짓밟히거나
심한 부상을 당하기 쉬우며, 심지어는 죽을 수도
있다. 따라서, 가장 힘센 실버백의 보호를 받는
것이 무리에게는 가장 좋다. 이러한 이유 때문에
실버백은 암컷들에게 가장 중요한 원군이 되는
것이다.

고릴라의 하루

다른 유인원과 마찬가지로, 고릴라도 모든 먹이를 발견할 수 있는 일정한 행동권 내에서 돌아다니며, 그 안에서 정해진 휴식 장소에서 휴식을 취한다. 마운틴고릴라는 아침 6시에서 8시 사이에 일어난다. 만약 비가 내리면(어떤 시기에는 숲 속에 매일 비가 내린다), 잠자리에 머물면서 비가 그치길 기다린다. 그러고는 정오경에 앉은 채로 아침 겸 점심을 먹는다. 어른들은 쉬면서 먹은 것을 소화시키는 동안 새끼들은 서로 장난을 치며 논다. 숲은 천연의 어드벤처 놀이터 같아서 새끼들은 숲 속에서 살아가는 데 필요한 재주를 익히고, 다른 고릴라와 상대하는 법을 배운다. 가끔은 나무 위로 올라가 놀기도 한다. 오후 두 시쯤 되어 실버백이 일어나면, 전체 무리는 활기를 띠기 시작한다. 우두머리는 무리를 이끌고 숲 속으로 들어간다. 무리는 100~2000m 거리의 목적지를 향해 천천히 이동하며, 도중에 가볍게 먹이를 먹는다. 고릴라는 걸어가는 도중에 자세나 동작에 아무 변화 없이 배설을 한다. 배설물의 양은 상당히 많으며, 한 마리가 매일 세 갈래진 똥덩어리 20~35개를 눈다. 고릴라 똥은 그 결이나 냄새가 말똥과 비슷하다.

오후 5~6시경에 우두머리가 걸음을 멈추면, 무리는 잠자리를 만들기 시작한다. 그리고 6시경에 모두 잠자리에 들어가 다음 날 아침 6시경까지 잠을 잔다(이렇게 한다고 추측은 되지만, 마운틴고릴라가 밤에 무엇을 하는지는 조사된 것이 거의 없다). 그렇지만 마운틴고릴라는 자기 잠자리 안이나 주위에, 밤중에 한두 차례, 그리고 일어나기 직전에 한 차례 배설을 하는 것으로 알려

 ## 함께 살아가기

로랜드고릴라는 항상 자기들끼리만 지내는 것은 아니다. 때로는 가까운 친척인 침팬지도 같은 숲에서 함께 살아간다. 이들은 서로 아주 친한 이웃처럼 보이며, 똑같은 과일을 먹고 사는데도, 먹이를 놓고 싸우는 법이 없다. 각 종은 먹이를 구할 수 있는 정도에 따라 무리의 크기를 조절하는 경향을 보이는데, 먹이가 부족하거나 넓은 지역에 흩어져 있을 때에는 작은 무리들로 쪼개진다. 침팬지는 쉽사리 무리를 쪼개지만, 고릴라는 과일 대신에 섬유질이 풍부한 먹이를 쉽게 얻을 수 있기 때문에 무리를 쪼갤 필요성을 덜 느끼며, 되도록이면 큰 무리를 유지하는 경향을 보인다. 두 종 모두 밤에는 나무 위에 잠자리를 만드는데, 침팬지는 1차림(항상 숲이 존재해 온 곳)에 잠자리를 만드는 경향이 있는 반면, 로랜드고릴라는 2차림(숲이 없던 곳에 나무가 새로 자라 생긴 숲)에 잠자리를 만든다.

▲ 암컷 마운틴고릴라가 한낮에
휴식을 취하고 있다.

◀ 실버백 마운틴고릴라가 낮
동안의 휴식 시간에 쉬고 있다.
드물게 날씨가 화창할 때에는
휴식 시간이 늘어난다.

져 있다. 마운틴고릴라가 섭취한 먹이는 속에서 많은 가스를 발생하기 때문에, 마운틴고릴라는 자주 트림을 하고 방귀를 뀐다. 어떤 녀석들은 딸꾹질하는 모습이 관찰되기도 했다.

고릴라는 사람과 똑같이 하품을 하는데, 불안을 느낄 때 자주 하품을 한다. 보통의 하품은 머리를 올려 입을 벌리는 동작으로 이루어지지만, 크게 하품을 할 때에는 머리를 뒤로 젖히고 입을 크게 벌리면서 이빨과 시커먼 입 속을 드러낸다.

휴식을 취하는 동안 마운틴고릴라는 한쪽에 앉거나 누워서 자기 털을 고르곤 한다. 한쪽 손만을 사용해 어깨와 팔의 털을 고른다. 털을 곡물에 대고 비비고, 입이나 턱으로 고정시킨 다음, 손으로 기생충이나 오물, 죽은 피부 조각 등을 떼낸다. 배와 가슴, 다리 부분은 양손을 사용해 털을 고르는데, 한 손으로 털을 헤치면서 다른 손으로 기생충이나 오물을 집어 낸다. 네 손가락을 피부 위에다 대고 매우 심하게 긁기도 하는데, 때로는 팔이나 배 전체를 긁는다. 어떤 상황에 대해 확신이 서지 않을 때 사람이 머리를 긁듯이, 고릴라는 팔을 긁는다. 눈가처럼 예민한 곳을 긁을 때에는 집게손가락을 사용한다. 코를 후비거나 이빨을 쑤실 때에도 집게손가락을 사용한다.

◀ 마운틴고릴라는 비가 심하게 내리거나 우박이 쏟아지는 동안 휴식을 취할 때에는 나무 위나 두꺼운 식물 속의 피난처에서 팔짱을 낀 채 앉아서 쉰다.

▶ 비룽가 산맥의 숲 속의 빈터에서 먹이를 찾고 있는 마운틴고릴라.

로랜드고릴라

로랜드고릴라에 대한 연구는 이루어진 것이 조금밖에 없지만, 그 얼마 안 되는 연구에서도 로랜드고릴라는 산에 사는 친척인 마운틴고릴라와 아주 비슷한 생활을 하는 것으로 드러났다. 로랜드고릴라도 새벽 직후에 일어나 6~35km^{2}의 행동권 안에서 먹이를 찾으며, 매년 같은 시기에 나는 특정 먹이에 맞추어 짠 이동 계획에 따라 움직인다. 로랜드고릴라는 나무를 잘 타기 때문에 땅 위에 솟아 있는 과일 나무 위에 있는 모습이

관찰되기도 한다. 또, 늪 지대에서 발견될 때도 있는데, 로랜드고릴라는 물이 겨드랑이까지 올라오는 데까지 들어가 수생 식물의 뿌리나 구근을 먹는다.

로랜드고릴라 무리는 먹이를 찾을 때에는 경쟁과 분쟁을 피하기 위해 흩어지지만, 몇 시간 뒤에는 함께 모여 낮잠을 즐긴다. 어른들은 빈둥거리거나 털을 고르면서 쉬거나 소화를 시키는 동안 새끼들은 서로 장난을 치며 논다. 오후가 되면 고릴라들은 상당히 먼 거리를 이동하면서

영장류의 분류: 고릴라

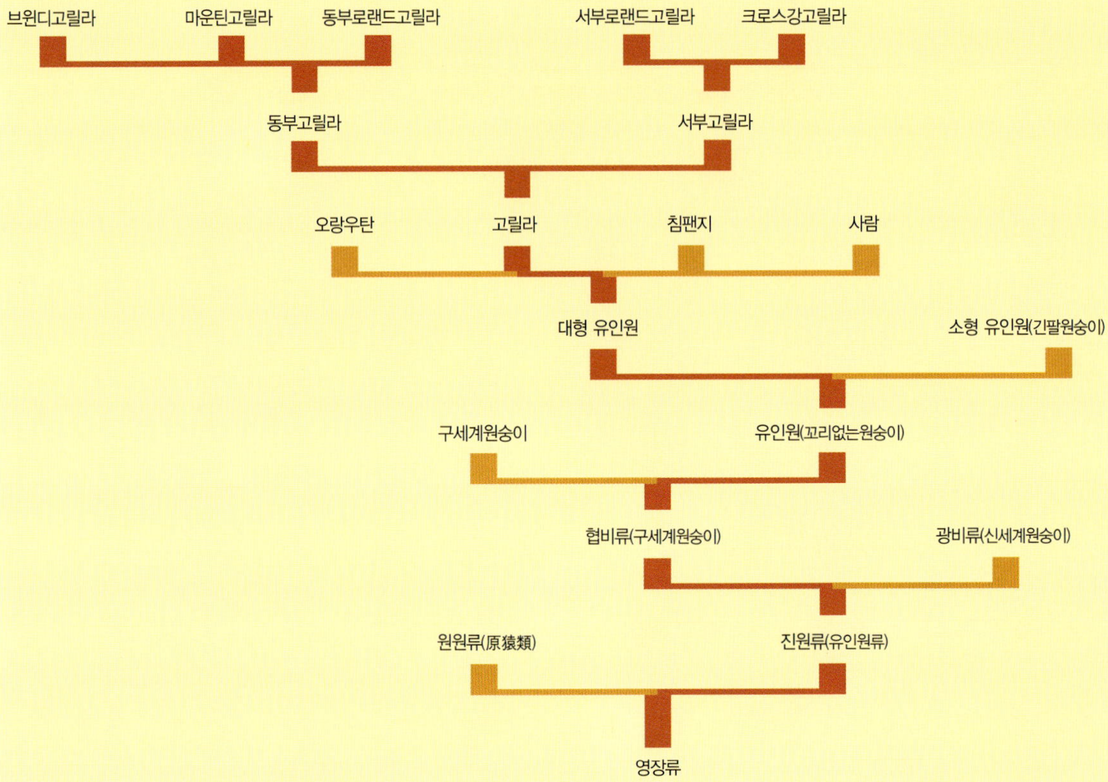

브윈디고릴라　　마운틴고릴라　　동부로랜드고릴라　　　　서부로랜드고릴라　　크로스강고릴라

동부고릴라　　　　　　　　　　　　서부고릴라

오랑우탄　　　　고릴라　　　　　　침팬지　　　　사람

대형 유인원　　　　　　　　　　　　　　소형 유인원(긴팔원숭이)

구세계원숭이　　　　　　　　유인원(꼬리없는원숭이)

협비류(구세계원숭이)　　　　　　　　광비류(신세계원숭이)

원원류(原猿類)　　　　　　　　진원류(유인원류)

영장류

▲ 고릴라는 동부고릴라와
서부고릴라의 두 종이 있다. 각 종은
다시 여러 아종으로 나누어진다.

◀◀ 서부로랜드고릴라 무리가 낮의
휴식 시간에 사교적인 활동을 하고 있다.

▶ 몸 전체가 검은 털로 뒤덮여 있는
것으로 식별할 수 있는 동부로랜드고릴라가
낮에 졸고 있다.

 **진화의 갈래**

오랑우탄, 고릴라, 침팬지, 보노보 등을 포함하는 대형 유인원은 사람과 가장 가까운 친척이다. 이들은 모두 아프리카 원숭이로부터 유래했다. 2000만 년 전의 암석들에서 유인원 비슷한 화석이 발견되었다. 진화의 나무에서 맨 먼저 분리돼 나온 것은 긴팔원숭이로, 1600만~2000만 년 전에 분리돼 나왔다. 고릴라는 600만~800만 년 전에 분리돼 나왔다. 사람은 400만~500만 년 전에 침팬지로부터 분리돼 나왔다.

많은 먹이를 섭취하는 '이동 식사'를 하거나, 실버백이 무리를 곧장 계절 과일 나무로 이끌고 가 가장 좋아하는 과일을 포식한다. 만약 실버백에게 다 자란 아들이 있다면, 실버백이 무리를 이끌고 나머지 고릴라들이 한 줄로 따라가는 동안 아들은 맨 뒤에서 따라간다. 실버백 외에 다 자란 어른 수컷이 없는 경우에는 나이 많은 암컷이 앞장 서고, 실버백이 맨 뒤를 맡는다. 저녁이 되면 무리는 야영지를 정하고, 마운틴고릴라와 마찬가지로 잠자리를 만든 다음, 거기서 잠을 잔다.

중앙 아프리카 공화국 장가은도키 국립공원의 바이호코에우에 사는 서부로랜드고릴라 무리는 무리를 이끄는 실버백이 한 마리가 아니라 두 마리인 것으로 밝혀졌다. 이 무리는 22.9 km²의 넓은 지역에 살고 있으며, 매일 평균 2.3 km를 이동한다. 이 무리는 먹이를 찾을 때 작은 두 무리로 쪼개진다는 점에서 다른 고릴라 무리와 차이를 보이며, 때로는 서로 1 km 정도 떨어진 곳에서 잠을 자기도 한다.

고릴라가 낮 동안에 이동하는 거리는 종에 따라, 그리고 무엇을 먹느냐에 따라 다르다. 예를 들어 바이호코에우에 사는 고릴라 무리는 매일 평균 3.1 km를 이동하지만, 과일이 귀해지면 2.1 km만 이동하며, 잎이나 껍질, 속대 같은 다른 먹이를 섭취한다. 과일을 얻을 수 있는 땅이 적으면, 이동 거리는 크게 늘어난다. 모든 고릴라 무리 중에서 바이호코에우 무리가 가장 먼 거리를 이동하면서 먹이를 찾는데, 일 년 내내 하루 평균 2.6 km를 이동한다. 이에 비해 가봉의 로랜드고릴라는 하루 평균 1.7 km를 이동하며, 비룽

가 산맥에 사는 마운틴고릴라는 겨우 0.5 km밖에 이동하지 않는다.

먹이를 찾는 고릴라, 그 중에서도 특히 로랜드고릴라 뒤에는 흔히 아프리카자카나가 따라다닌다. 이 새는 고릴라가 수풀을 뒤적일 때 나오는 곤충을 잡아먹는데, 혼자서 먹이를 사냥할 때보다 고릴라를 따라다니는 것이 훨씬 효율적이다.

나무들도 고릴라의 활동에서 혜택을 얻는다. 고릴라 무리가 먹이를 먹고 이동하면서 나무의 씨를 퍼뜨려 주기 때문이다. 고릴라가 과일을 먹으면, 씨는 창자를 지나 똥과 함께 땅에 떨어진다. 고릴라 덕분에 이 씨는 자기 부모 나무로부터 멀찍이 떨어진 곳에서 자리를 잡고 자랄 수 있다. 일부 식물은 씨를 퍼뜨리는 일을 오로지 고릴라에게 의존하는 것처럼 보인다. 예를 들면, 가봉의 로페 자연보호구역에 있는 콜라 리재라는 나무는 로랜드고릴라가 좋아하는 주식 중 하나이다. 다른 영장류는 이 식물의 살만 먹지만, 로랜드고릴라는 큰 씨를 통째로 삼킨다. 과일이 열리는 넉 달 동안 로랜드고릴라가 숲에다 퍼뜨리는 이 나무의 씨는 1 km² 당 1만 1000~1만 8000개로 추정된다.

고릴라의 똥과 함께 떨어진 씨는 다른 씨보다 더 잘 자란다. 생존율이 가장 높은 곳(40%)은 고릴라가 잠자리를 만드는 탁 트인 곳인데, 이 곳은 빛이 더 많이 비칠 뿐더러 다른 식물과의 경쟁도 적기 때문이다.

◀ 비룽가 산맥에는 비가 끊임없이 내리기 때문에, 마운틴고릴라는 감기 비슷한 증상을 나타내는 질병에 걸리곤 한다.

▲ 서부로랜드고릴라가 식사를 하고 있다. 가장 좋아하는 먹이는 과일이다.

 르완다, 콩고, 우간다에 살고 있는 마운틴고릴라는 600마리밖에 남지 않았다. 이 고릴라들은 전쟁의 참화가 할퀴고 지나간 지역에 살고 있다.

블랙박스와 실버박

블랙백과 실버백

사람의 경우에도 은백색 머리카락을 가진 남자는 멋있어 보이듯,
고릴라의 경우 은백색 털은 인상적이고 강한 우두머리의 상징이다.
수컷 고릴라는 나이를 먹음에 따라 등에 은백색 털이 위풍당당하게 나게
되는데, 이러한 고릴라를 '은백색 등' 이라는 뜻으로 실버백(silverback)
이라 부른다. 젊은 수컷은 이러한 위엄의 상징이 없기 때문에
'검은 등' 이라는 뜻으로 블랙백(blackback)이라 부른다. 그렇지만
블랙백도 종종 무리 내에 있는 암컷에게 관심을 보이며, 암컷들도
블랙백의 그러한 관심에 너그러운 반응을 보인다. 일부 암컷은 젊은
블랙백의 털을 골라 주기도 하는데, 이것은 미래에 대비한 보험의
성격이 강하다. 어린 암컷들은 때로는 블랙백과 친하게 지내며,
어디를 가든지 함께 따라다니곤 한다. 어떤 블랙백은 완전히
성숙하기 전에 자기 무리를 떠난다. 이 녀석들은 혼자서 돌아다니다가
다른 무리에 들어가거나, 실버백이 될 때까지 기다렸다가 싸움을
통해 무리를 탈취한다. 블랙백에서 실버백으로 변해 가는 과정은
야생 동물의 세계에서는 성장 과정의 일부일 뿐이다.

◀◀ 어린 마운틴고릴라가 어미의 등에 올라가 있다. 혼자 힘으로 무리를
쫓아다닐 수 있을 때까지는 이렇게 어미에게 붙어 지낸다.

성장

새끼고릴라는 250~285일의 임신 기간(침팬지의 경우는 평균 226일)을 거쳐 태어난다. 새끼의 출산은 흔히 밤중에 어미의 잠자리에서 일어나지만, 오후에 일어날 때도 있다. 분만 시간은 30분 정도 걸리며, 새끼는 사람과 마찬가지로 머리부터 나온다. 새끼의 머리는 사람 신생아의 머리보다 훨씬 작지만, 그 덕분에 산도(産道)를 쉽게 통과할 수 있다. 갓 태어난 새끼고릴라의 몸무게는 1.4~2.3㎏이다. 침팬지나 오랑우탄과 마찬가지로, 고릴라도 새끼를 한 번에 한 마리만 낳는다. 아주 드물게 쌍둥이를 낳는 경우도 있지만, 어미가 두 마리를 다 보살필 수 없기 때문에 그

중 한 마리는 필연적으로 죽게 된다. 난산의 경우 분만 시간이 30분을 넘어설 때도 있는데, 나머지 고릴라 무리가 분만 중인 어미에게 공격적인 태도를 보이는 게 흥미롭다.

갓 태어난 새끼는 발그스름한 회색 피부에 털도 거의 나 있지 않고 완전히 무기력한 존재이다. 팔다리도 제대로 움직이지 못하고, 시선에 초점을 맞추지도 못하며, 큰 소리에 깜짝 놀란다. 출산 직후 새끼의 몸에 묻은 양수는 어미가 즉시 핥아 없애며, 태반 역시 어미가 먹어치운다. 야생 세계에서는 영양분이 있는 것은 낭비되는 법이 없다. 어미는 갓 태어난 새끼를 45분 동안 배에다 꼭 끌어안고 털을 쓰다듬어 준다. 어미고릴라는 특히 새끼가 수컷일 경우에는 사람

태어난 지 두 시간밖에 안 된 새끼마운틴고릴라가 어미의 철저한 보호를 받고 있다. 어미는 무리 중의 호기심 많은 어린것들이 새끼를 다치게 할까 봐 새끼를 꼭 껴안고 있다.

새끼로랜드고릴라가 친척인 마운틴고릴라처럼 어미의 등 위에 올라타 있다. 새끼는 이런 식으로 이동하면서 몇 달 동안 지내기도 한다.

처럼 새끼를 자기 몸의 왼편으로 흔들면서 어르는 경향이 있다(이것은 새끼를 운반하는 데 특별한 습관적 행동을 보이지 않는 오랑우탄이나 긴팔원숭이와 다른 점이다). 새끼의 근육이 점차 튼튼해지면, 새끼는 어미의 젖을 헤집어 찾느라고 머리를 마구 흔드는 동작을 보이며, 젖을 제대로 빨 수 있는 자세를 잡도록 어미에게 도와 달라고 부드럽게 요청하기도 한다. 사람 아기와 마찬가지로 새끼고릴라 역시 움켜쥐는 힘이 세지만, 사람 아기보다 훨씬 일찍 등과 목 근육이 튼튼해진다.

태어난 지 2~5주일이 지나면, 새끼는 미소를 짓고, 웃는 듯한 소리도 낸다. 6주 정도 지나면 시선에도 초점이 잡힌다. 7주가 지나면 손을 뻗어 물건을 붙잡을 수 있게 된다. 그리고 눈으로 본 것을 손으로 잡아 입으로 가져가는 행동은 9~10주 정도 지나야 가능해진다. 9주가 지나면 기어다닐 수 있지만, 이동할 때에는 어미의 몸 아래쪽에 난 긴 가슴털을 꼭 붙잡고 가는데, 빨리 움직일 때에는 어미가 손으로 새끼를 붙잡아주기도 한다. 10~12주가 지나면 처음으로 고체 먹이를 먹기 시작한다. 16주가 지나면, 어미는 새끼를 등에 업고 다니는데, 새끼는 어미의 가죽을 손발로 꽉 움켜쥐고 매달린다. 어미가 느릿느릿 걸어다닐 때에는 새끼가 팔이나 다리에 매달린 채 가는 모습도 간혹 목격할 수 있다.

여섯 달쯤 지나면 새끼는 혼자 걷거나 나무에 기어오를 수 있다. 이 때쯤에는 자기 가슴을 두드리는 것도 배우게 된다. 새끼는 아직도 주로 어미의 젖을 먹고 살지만, 식물도 뜯어 먹을 수 있다. 그렇지만 줄기에서 잎을 훑어 내어 먹기에 알맞게 만드는 능력은 아직 부족하다. 그래서 대부분의 고체 먹이는 어미가 먹을 수 있게 만들어 준다.

여덟 달쯤 지나면 새끼는 스스로 잠자리를 만들어 보려고 시도하지만, 2~3년 또는 어미가 다른 새끼를 낳을 때까지는 계속 어미의 잠자리에서 함께 지낸다. 처음에 새끼들은 낮 동안의 휴식 시간에 줄기를 손바닥으로 톡톡 치거나 잎을 이리저리 옮기면서 주로 잎으로 느슨한 잠자리를 만든다. 그렇지만 연습을 거듭하면서 마침내 튼튼하고 제대로 된 모양의 잠자리를 만들 수 있게 된다. 고(故) 다이언 포시(Dian Fossey)가 비룽가 산맥에서 연구할 때 관찰한 고릴라 중 스스로

잠자리를 만들어 잠을 잔 가장 어린 고릴라는 생후 34개월 된 놈이었다. 태어난 지 1년쯤 되면 새끼고릴라는 잠깐씩 어미를 떠나 무리 중의 다른 고릴라에게 접근한다. 이러한 어린 시절을 통해 새끼는 낑낑거리는 소리, 우는 소리, 낄낄거리는 소리 등을 내는 법을 배운다.

새끼고릴라는 젖을 떼기 전까지 3년 동안 각별한 보호를 받지만, 새끼들 중 절반은 세 살이 되기 전에 죽는다. 대부분은 태어난 첫해에 병에 걸리거나 잡아먹히거나 또는 실버백 간의 싸움 때 입은 부상으로 죽는다. 드물긴 하지만, 같은 고릴라에게 잡아먹히는 경우도 있다. 1976년, 다이언 포시는 한 어미마운틴고릴라가 생후 6개월 된 새끼를 등에 업고 다니지 않고, 배에 꼭 안고

다니는 광경을 목격했다. 그 어미는 서열이 낮은 한 수컷과 그 놈과 동맹을 맺은 놈들에게 괴롭힘을 당하고 있었다. 그러던 어느 날, 새끼가 사라져 버렸다. 그 어미 무리가 주변을 살샅이 뒤졌지만 아무것도 발견되지 않았고, 다른 무리가 침입한 흔적도 없었다. '동족을 잡아먹었을 가능성'에 충격을 받은 포시는 고릴라의 배설물을 조사해 보기로 했다. 그리고 의심했던 대로 어미를 괴롭혔던 고릴라들의 배설물에서 작은 뼈 조각과 새끼의 털을 발견했다.

왁자지껄한 놀이

이러한 위험한 사건들을 무사히 지내고 살아남은 어린 마운틴고릴라는 서로 함께 노는 것에 푹 빠져 지낸다. 술래잡기, 산 위의 대장 놀이(높은 데서 서로 밀어뜨리는 놀이), 식물 줄기와 줄다리기 놀이 등을 하며, 심지어는 현지에서 '음탕가탕가'라고 부르는 과일을 던지고 받는 놀이도 한다. 고릴라는 이 과일을 먹지는 않지만, 새끼들은 나무 높이 기어올라가 이것을 따서 떨어뜨린다. 새끼들은 이 과일을 공중 높이 던지기도 하며, 심지어는 이것을 가지고 야구나 럭비 또는 축구와 비슷한 놀이를 하기도 한다.

나무에 매달려 흔들거리기도 하지만, 침팬지만큼 자주 하지는 않는다. 장난으로 싸우거나 술래잡기는 대개 두 마리 사이에서 일어나지만, 서로 쫓는 게임은 세 마리가 함께 하기도 한다. 그렇지만 노는 방식에도 성별 차이가 있다. 어린 수컷은 암컷이나 다른 수컷과 함께 놀지만, 어린 암컷

◀ 갓 태어난 여동생에게 관심을 보이는 마운틴고릴라. 고릴라는 종종 자기 무리에 새로 생긴 구성원에 대해 호기심을 보인다.

▲ 새끼고릴라는 매우 취약하며, 만 세 살이 될 때까지 살아남는 비율은 절반밖에 되지 않는다.

⭐ 암컷 고릴라가 생존할 수 있는 새끼를 낳는 것은 6~8년에 한 마리꼴이다.

▲ 태어난 지 3주밖에 안 된 이 새끼는 27세의 어미가 낳은 여섯째 자식이다. 따라서, 이 새끼는 경험 많은 어미로부터 훌륭한 보호를 받을 수 있다.

▶ 새끼를 끌어안고 있는 로랜드고릴라. 사육되는 고릴라 중에서 새끼를 길러 본 경험이 없는 놈들은 새끼를 그냥 내팽개치는 경우가 많기 때문에, 사람이 새끼를 돌봐 주어야 한다.

 ## 위험에 처한 새끼들

새끼고릴라 중 38%는 병이나 포식 동물에게 잡아먹혀 죽는 것이 아니라, 혈연 관계가 없는 수컷 고릴라의 공격을 받아 죽는다. 이렇게 수컷이 새끼를 살해하는 위협은 고릴라가 함께 무리를 지어 사는 주요 이유 중 하나이기도 하다. 암컷이나 새끼가 살아남으려면 몸집이 크고 힘센 수컷의 보호를 받아야만 한다. 만약 실버백이 죽거나 다른 이유로 사라질 경우, 아직 젖을 떼지 않은 새끼들은 혈연 관계가 없는 수컷에게 살해당할 가능성이 높다. 다른 수컷의 자식을 죽임으로써 새로운 수컷은 무리 중의 암컷들에게 임신을 하게끔 자극을 주어, 자기 자식을 낳게 할 수 있다. 새끼들은 대개 머리나 사타구니를 물려 죽는다. 수컷이 한 마리 이상인 무리(우두머리 실버백과 늙은 실버백, 또는 우두머리 자리에서 물러난 실버백이 함께 있을 수도 있다)는 다른 수컷의 도전에 대처하는 데 유리하다.

들끼리는 같이 노는 경우가 드물다. 새끼들이 자기 몸 위를 밟고 지나가도 실버백은 놀라울 정도로 너그럽게 봐준다.

사육 상태에서 작은 무리를 이끄는 실버백 로랜드고릴라는 새끼들과 잠깐 동안 와자지껄한 놀이를 하는 것이 관찰되었다. 반면에, 나이 든 암컷들과는 좀더 느린 동작으로 느긋하게 오랫동안 놀았다. 어른 수컷이 이런 행동을 취하는 것은 새끼들이 함께 놀 친구가 부족하기 때문인 것으로 보인다. 야생에서도 어른 고릴라들이 게임에 참여할 때가 있다. 다이언 포시는 자신이 연구하던

마운틴고릴라 무리가 해발 4000m 이상의 고산 지대에서 키 큰 세네시오나무들을 타고 내려오는 광경을 목격하였다. 수컷 우두머리가 이끄는 전체 무리는 마치 일종의 스퀘어 댄스 동작처럼 한 나뭇가지 주위를 빙 돈 다음에 다음 나뭇가지로 손을 뻗으며 한 나무에서 다른 나무로 껑충 뛰었다. 맨 아래까지 내려온 고릴라 무리는 다시 언덕을 올라가, 처음부터 그 놀이를 몇 번이고 반복하였다.

성장 기간이 긴 동물에게는 놀이가 아주 중요하다. 이러한 놀이를 통해 동물들은 종종 적대적

아홉 살 먹은 로랜드고릴라가 두 살밖에 안 된 어린것과 거친 놀이를 하고 있다.

인 환경 속에서 살아가는 법을 배우게 된다. 놀이는 어린 고릴라가 자라나는 자신의 팔다리와 근육을 시험하고, 어떤 먹이가 먹기에 좋으며 어디서 그것을 발견할 수 있는지 알고, 싸우는 법을 배우고, 사회적 예절을 익히는 기회가 된다. 놀이를 하는 또 하나의 이유는 지루함을 달래기 위해서이다.

십대 청소년과 마찬가지로, 활동적인 것을 원하지만 '휴식' 시간 때문에 행동의 제약을 받는 젊은 고릴라들은 두 손바닥으로 탁 쳐서 파리를 붙잡는 놀이를 한다. 그러고는 손바닥 안에 부서진 파리 조각 하나하나를 유심히 살피느라고 사팔눈을 하기도 한다. 같이 놀 친구가 없을 때에는 종종 손바닥이나 발바닥을 서로 두들기거나 턱 아래쪽을 치면서 리드미컬한 딱딱 소리를 내는데, 그러면 다른 어린것들이 발끝으로 서서 빙빙 돌기도 한다. 고릴라는 개구리에서부터 작은 다이커영양에 이르기까지 위험하지 않은 다른 동물의 뒤를 살금살금 뒤쫓기도 한다. 어린 고릴라는 그러한 동물을 붙잡으려고 한다. 비룽가 산맥에서는 덤불 속에서 새끼다이커영양을 발견한 어린 고릴라 두 마리가 그 녀석을 붙잡아 노는 모습이 목격되

젊은 수컷은 종종 더 어린 놈들과 놀지만, 젊은 암컷은 그런 행동을 거의 보이지 않는다.

◄◄어린 고릴라는 나무에서 자주 놀지만, 나이를 먹어 갈수록 나무에 오르는 일은 점점 줄어들고, 지상에서 더 많은 시간을 보낸다.

◄ 이 어린 마운틴고릴라는 밀렵꾼의 덫에 걸렸다가 빠져 나왔지만, 한 손을 잃었다. 그럼에도 불구하고, 나무를 잘 기어오른다.

▶실버백은 어린것들의 장난을 참을성 있게 잘 받아 준다. 젊은 실버백 마운틴고릴라는 어린 녀석이 장난으로 자기 배를 무는 것을 내버려 두고 있다.

었다. 한 녀석은 영양의 다리를 잡아당기고 그 머리를 위로 젖혔고, 다른 녀석은 영양을 살펴보면서 바들바들 떠는 몸을 쓰다듬어 주었다.

새끼고릴라는 사람 아기보다 두 배 정도 빠른 속도로 필요한 기능을 익히면서 만 두 살에서 두 살 반 사이에 완전히 젖을 뗀다. 첫 두 해 동안에 어미는 새끼와 접촉하는 시간을 조금씩 줄여 나가 마침내 새끼를 완전히 독립하여 살아가게 한다.

수컷은 12세 무렵에 성숙하지만, 대개는 15세가 되어서야 완전한 번식 능력을 갖게 된다. 암컷은 8세 무렵에 성적으로 성숙해지지만, 10세 정도가 되어야 새끼를 가질 수 있다.

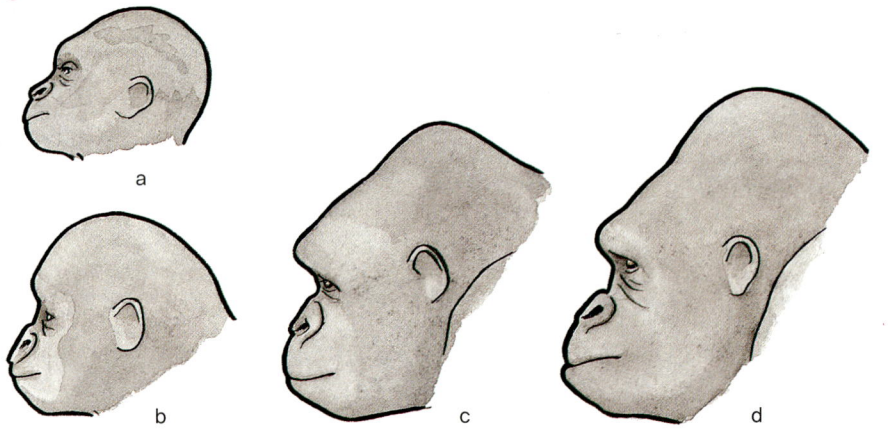

◀ 고릴라의 머리 모양 변화:
어린 수컷(a)과 어른 수컷(d),
어린 암컷(b)과 어른 암컷(c).

▼ 우두머리인 실버백 마운틴고릴라가 자기 아들과 함께 앉아 있다.
이 무리에서는 결국 아들이 아비의 자리를 물려받을 것이다.

권력 승계

고릴라의 일생 동안 일어나는 신체상의 가장 큰 변화는 수컷에게서 볼 수 있다. 모든 고릴라는 나이를 먹으면 털이 회색으로 변하지만, 실버백은 등과 넓적다리 윗부분에 은백색 털이 난다. 블랙백은 10~12세가 되면 실버백으로 변하며, 이에 수반되는 호르몬 변화로 인해 2차 성징이 나타난다. 정수리 부분의 시상릉은 더 크게 솟는다. 팔의 털은 더 길게 자라는 반면, 가슴털은 빠진다. 털이 없는 가슴은 가슴을 두드릴 때 더 멀리까지 울려 퍼지는 소리를 낸다. 고릴라의 손가락과 손바닥, 발바닥, 겨드랑이에는 털이 없다. 이렇게 성숙한 실버백은 아주 강한 동물로 성장해 간다.

다 자란 수컷 중 일부는 무리를 떠나 혼자서 살아간다. 돌아다니다가 정착할 수 있는 땅을 찾으면 다른 무리의 암컷을 유혹한다. 어떤 수컷은 우두머리인 아비에게서 쫓겨나기도 한다. 그러나 대개의 경우는 쫓겨나기보다는 자발적으로 무리를 떠난다. 아비인 우두머리가 아직 젊을 경우, 이런 일이 흔히 일어난다. 우두머리 자리를 물려받을 기회는 거의 없는데, 번식력이 왕성한 시기를 낭비하느니 차라리 무리를 떠나 독립하는 쪽을 택하는 것이다. 어떤 젊은 수컷들은 서로 모여 독신자 무리를 이루어 살아가기도 한다. 이 녀석들은 배회하며 지내다가 다른 무리에 접근하여 암컷을 꾀어 내려고 시도한다. 이 무리에 속하는 수컷들은 서로 혈연 관계가 없는데도 동일한 성으로 이루어진 무리의 수컷들보다 더 가깝게 지내는 경향을 보인다. 이 녀석들은 또한 동일한 성으로 이루어진 무리의 수컷들보다 더 공격적이지만, 어떤 이유에서인지 종종 서로를 응시하곤 한다. 어리거나 서열이 낮은 녀석이 나

 ## 암수의 차이

고릴라는 수컷과 암컷이 신체상으로 뚜렷이 구별되는데, 수컷이 암컷보다 훨씬 몸집이 크다. 암컷은 수컷보다 키가 30 cm 가량 작고, 몸무게는 수컷의 절반밖에 나가지 않는다. 평균적으로 수컷은 키가 1.7 m, 몸무게가 180 kg인 반면, 암컷은 키가 1.5 m, 몸무게는 90 kg에 불과하다. 사육 상태에서 살아가는 수컷은 야생에서 살아가는 수컷보다 더 뚱뚱해지는 경향이 있다. 가장 몸무게가 많이 나간 녀석은 1940년대에 미국 캘리포니아 주의 샌디에이고 동물원에서 사육되던 은가기라는 이름의 수컷 마운틴고릴라였다. 키는 1.72 m밖에 안 되었지만, 몸무게는 최고 310 kg이나 나갔다. 수컷 마운틴고릴라가 수컷 로랜드고릴라보다 훨씬 크지만, 암컷의 크기는 두 아종이 서로 비슷하다. 암컷이 처음에는 수컷보다 빨리 성장하지만, 결국에는 수컷이 훨씬 커진다. 수컷은 머리에 난 시상릉이 암컷보다 훨씬 크며, 가슴에는 털이 없다.

◄ 어린 마운틴고릴라들이 장난으로 싸움을 하고 있다. 어느 쪽도 상대방에게 상처를 입히지 않지만, 이것은 훗날 실제로 일어날지도 모르는 피비린내 나는 싸움의 연습인지도 모른다.

◄◄ 이 실버백(왼쪽)은 다 자라지 않은 수컷일 때 외부에서 이 무리에 들어왔지만, 밀렵꾼 때문에 일어난 난리 뒤에 이 무리의 우두머리로 성장했다.

이가 많고 서열이 높은 녀석을 응시하는 것은 아마도 인사이거나 잘 보이기 위한 것으로 생각된다. 그러한 응시가 놀이나 성적 접촉을 유발하기도 한다. 그러나 암컷이 무리에 합류하면, 수컷들은 서로에 대해 비타협적인 태도를 보인다.

수컷은 혼자서 살아갈 수도 있다. 하루 중의 일과는 무리 중의 수컷과 비슷하지만, 이동 거리와 범위가 더 크다는 점만 다르다. 홀로 사는 수컷은 많은 무리와 접촉을 하며, 여행을 하면서 각 무리의 위치에 대한 정보를 얻는다. 그리고 성장하면서 각 무리의 실버백의 건강과 지위에 대한 유용한 정보를 수집했다가 어느 무리의 실버백이 죽거나 쫓겨나면 그 무리를 차지할 기회를 붙잡는다. 홀로 살던 수컷이 일단 암컷을 얻고 나면, 그 행동권은 줄어든다.

일부 블랙백은 태어난 무리 속에서 계속 머물지만, 아비가 차지한 우두머리 자리를 물려받을 수 있는지 여부는 블랙백이 완전히 다 자라는 시기가 언제냐에 달려 있다. 아비가 늙었을 때 태어난 수컷은 아비가 우두머리 자리에서 물러날 때 그 자리를 물려받기에는 너무 어리다. 그래서 아비가 중년일 때 태어난 수컷이 대개 그 무리를 물려받을 가능성이 높다. 권력 이동은 대개 점진적으로 일어나지만, 후계자의 몸에 남아 있는 물린 상처 자국들은 그 녀석이 가족 무리 안에서 자라 온 삶이 순탄치만은 않다는 것을 말해 준다. 실버백이 자식에게 자기 자리를 물려주는 것을 제외하고는, 아비와 자식 간의 접촉은 아주 드물다. 이들은 적대적인 충돌이 일어날 가능성을 막기 위해 서로를 피하는 것인지도 모른다. 권력 승계가 이루어지고 나면, 늙은 실버백은 무리 속에 머물면서 여생을 비교적 평화롭게 보낸다.

힘의 과시

우두머리 실버백의 힘은 아주 막강해서 그저 한번 노려보는 것만으로도 무리 내의 소란을 잠

▲ 어린 마운틴고릴라가 함께 노는 시간은 대개 낮 동안의 휴식 시간이다.

▶ 장난으로 싸우고 있는 어린 마운틴고릴라의 모습. 벌린 입과 뾰족한 이빨은 싸움의 강도가 실제 싸움에 가까워지고 있음을 시사한다.

 ## 위험을 무릅쓰고

실버백의 안전한 보호를 뿌리치고 홀로 살아가는 것은 위험한 일이며, 수컷은 암컷보다 살해 당할 위험이 더 크다. 로랜드고릴라의 머리에 난 상처의 수는 다른 고릴라로부터 공격받을 위험이 상당히 높다는 것을 말해 준다. 고릴라는 머리에 난 상처가 침팬지나 보노보보다 두 배나 많다. 표범도 위험 요소 중 하나이다. 큰 몸집에도 불구하고, 고릴라는 종종 표범에게 잡아먹힌다. 1961년 2월, 우간다의 키게지에서 실제로 그러한 사건이 일어났다. 큰 실버백과 암컷 고릴라 한 마리가 사흘 간격으로 죽은 채 발견되었다. 밤중에 실버백의 잠자리를 누군가 덮쳤고, 둘은 필사적인 싸움을 벌이다가 무하부라 산의 비탈을 굴러 내려갔다. 실버백의 시체를 조사한 결과, 치명상을 입은 목과 아랫배에 난 깊은 상처는 표범이 부드러운 조직을 뜯어 먹었다는 것을 말해 주었다. 암컷 역시 몸의 일부를 뜯어 먹힌 흔적이 남아 있었다.

재울 수 있다. 때로는 말썽을 피우는 블랙백을 힘으로 짓누르기도 한다. 서로 소리를 지르며 싸워 신경을 거슬리게 하는 암컷이 있으면, 실버백은 달려가 그 녀석을 때려 준다. 실버백이 공격적인 태도를 취하면, 암컷들의 공격적 태도는 수그러든다.

사육 상태에서 살아가는 로랜드고릴라를 대상으로 한 실험에서, 우두머리를 무리에서 따로 떼내 보았다. 그랬더니 암컷들 간의 공격성의 수위가 높아지고, 어미와 자식 간의 상호 관계가 강화되었다. 그렇지만 우두머리가 무리에 돌아오자 곧 공격성의 수위는 점차 낮아졌다.

실버백은 무리 전체의 안녕을 지켜주기 때문에 자비로운 독재자와 비슷하지만, 자신의 권위에 도전하는 것은 용납하지 않는다. 실버백은 어른 남자 여섯 명에 해당하는 힘을 갖고 있으며, 가끔 다른 수컷들의 도전을 받기 때문에 언제든지 그 힘을 사용할 준비가 되어 있다.

소수의 수컷만이 대부분의 암컷을 차지하고, 많은 수컷은 암컷을 전혀 차지하지 못하기 때문에 암컷을 놓고 경쟁이 아주 치열하다. 싸움이 일어나면 위험한 것은 수컷뿐만이 아니다. 암컷과 그 새끼들에게 최대의 위협은 그 무리를 차지하려고 나타난 다른 수컷이다. 싸움은 격렬할 수도 있지만, 자기의 몸집이 더 크고 강하다는 것을 보여 줄 수 있다면, 피를 부르는 싸움은 피할 수 있다. 몸집이 큰 쪽이 유리하다.

수컷이 암컷보다 몸집이 훨씬 큰(이것을 '암수 이형태성'이라 부른다) 이유는 바로 이 수컷 간의 경쟁에서 찾을 수 있다. 이러한 특징은 코끼리, 사자, 코끼리물범, 바다사자와 같은 일부다처제 동물에서 공통적으로 볼 수 있다. 수컷 간의 경쟁이 불가피할 때, 자연 선택은 몸집이 더 크고 강한 수컷을 선호하게 된다. 그 결과로 고릴라는 모든 영장류 중에서 암수 이형태성(암컷과 수컷의 크기와 모양이 서로 다른 현상)이 가장 큰 동물로 진화했다.

 ## 암컷 고릴라의 선택

암컷 고릴라는 자기가 태어난 무리를 떠나 다른 무리 속으로 들어간다. 이러한 암컷은 큰 무리보다는 홀로 사는 수컷이나 작은 무리를 선호한다. 큰 무리의 경우에는 기존의 암컷들이 동맹을 결성하여 새로 들어오는 암컷을 괴롭히기도 한다. 암컷은 처음 들어간 무리에 반드시 계속 머물지는 않는데, 암컷이 무리에 머무느냐 떠나느냐 하는 것은 여러 가지 요인에 의해 결정된다. 그 무리의 행동권 안에서 구할 수 있는 먹이의 질도 중요하지만, 더 중요한 것은 실버백의 싸움 능력이다. 강한 수컷일수록 암컷과 그 자식을 잘 보호해 줄 수 있다. 암컷에게 높은 점수를 따려면 실버백은 가슴을 두드리는 행동을 잘 과시해야 한다. 암컷은 수컷의 얼굴과 신체가 대칭적인지, 그리고 털가죽이 윤기가 있는지 유심히 살피는데, 이 두 가지는 수컷이 건강하다는 것을 보여 주는 징표이다.

구애와 짝짓기

고릴라는 비교적 오래 산다. 야생 고릴라 중 가장 오래 산 것으로 알려진 것은 35세까지 살다 죽었다(사육되는 고릴라 중에는 50세 이상 산 것도 있다). 일생 동안 암컷은 3.5~4.5년에 한 번씩 새끼를 낳는다. 출산은 연중 어느 때라도 가능하며, 특별히 정해진 계절은 없다. 월경 주기는 약 3주 반이며, 배란은 그 중간에 2~3일간 일어난다(침팬지의 10~14일, 오랑우탄의 5~6일에 비하면 훨씬 짧다). 초조는 6~7세에 시작되며, 아주 미약하게 일어난다. 침팬지와는 달리, 젊은 암컷 고릴라는 발정기 때 외음부가 약간 부풀어오르는 정도의 변화밖에 나타나지 않는다.

수컷은 짝짓기를 할 준비가 된 암컷을 냄새뿐만 아니라, 행동을 통해서도 알 수 있다. 성숙한 실버백은 가슴을 두드리는 행동을 통해 교미 행위를 자극한다. 가슴을 두드리는 행동은 다리를 뻣뻣하게 한 채 점잔빼며 달리는 행동으로 이어지며, 그러면서 암컷을 때리기도 한다. 암컷은 뻣뻣하게 서서 특징적인 얼굴 표정을 짓는다. 입술을 꼭 깨물고, 입 가장자리를 안쪽으로 빨아들인다. 입을 꼭 다문 이 표정은 일반적으로 불안감을 연상시킨다. 그러고 나서 암컷은 특별한 시선을 보내고 접촉을 함으로써 수컷에게 교미를 하도록 부추기고, 낮게 엎드려 엉덩이를 수컷을 향해 높이 치켜들면서 수컷을 뒤돌아본다. 수컷은 대개 암컷의 뒤에서 교미를 하지만, 서로 배를 맞대고 마주 본 상태에서 교미를 하는 것도 목

암컷 마운틴고릴라가 실버백의 등에다 머리를 기댄 채 쉬고 있다. 암컷은 흔히 다른 암컷보다는 우두머리에게 잘 보이려고 애쓴다.

격된 적이 있다. 교미를 하는 동안 암컷과 수컷은 모두 비둘기처럼 구구거리는 소리를 낸다.

마운틴고릴라 무리들 중 약 40%는 수컷이 여럿 섞여 있다. 이러한 무리에서 우두머리 실버백은 서열이 낮은 수컷들보다 훨씬 더 자주 교미를 한다. 실제로 전체 교미 행위 중 83%는 우두머리 수컷에 의해 이루어지며, 우두머리 수컷은 성숙하거나 임신한 암컷들에 대해 거의 독점적인 권리를 가진다. 그럼에도 불구하고, 무리 중의 일부 암컷은 둘 이상의 수컷과 교미를 한다. 같은 무리 내에서 자라난 암컷과 수컷도 때로는 교미를 하며, 한동안 무리와 함께 살아온 암컷이 더 이상 번식 능력이 없는 늙은 수컷과 교미를 할 수도 있지만, 최근에 무리에 새로 들어온 암컷은 교미를 하지 않는다. 교미는 암컷이 월경 주기 중 배란기에 이르렀을 때 일어나는데(아무 때나 득달같이 교미를 하는 보노보와는 달리), 이것은 고릴라의 짝짓기는 우선적으로 생식적인 기능을 목적으로 한다는 것을 말해 준다.

무리 내에 수컷이 다수 존재하는 마운틴고릴라 무리 중에서 서열이 낮은 수컷이 하는 교미 행위 중 약 $\frac{1}{3}$은 다른 수컷, 특히 우두머리에 의해 방해를 받는다. 다만, 혼내는 정도는 대개 약하고, 공격 행위도 그다지 심하지 않다. 대체로 실버백은 거기에 간섭할 능력이 없거나 간섭하고 싶은 마음이 별로 없는 것처럼 보인다. 이것은 수컷이 다수 존재하는 무리에서는 젊은 수컷이 짝짓기를 할 수 있는 기회가 있다는 것을 의미한다.

◀ 교미를 하고 있는 마운틴고릴라. 교미 시간은 아주 짧아 몇 분을 넘기지 않는다.

▲ 비룽가 산맥에 사는 수사 무리의 우두머리인 실버백 마운틴고릴라.

 밀렵꾼에게 어미가 살해당한 뒤 구조된 새끼고릴라는 '눈물'을 흘리고, 흐느끼는 소리를 냈다.

과소평가된 지능

과소평가된 지능

고릴라는 종종 활기가 없고 의욕도 없는 것처럼 보인다.
마운틴고릴라의 주위에는 먹이가 지천으로 널려 있다. 그러니 고릴라가
굳이 생각을 할 필요가 있을까? 고릴라는 그저 아침에 일어나서 숲에서
먹이를 찾아 먹다가 저녁이 되면 잠자리에 들도록 프로그램되어 있는 것은
아닐까? 어떤 고릴라는 잠자리를 만들 때 지붕을 만드는 것이 목격되었다.
이것은 어쩌다가 우연히 일어난 일일까, 아니면 모든 고릴라는 매일
반복되는 일상적인 일과에서 벗어나 다른 행동을 할 수 있는 능력이 있는
것일까? 가까운 친척인 침팬지나 보노보에 비해 고릴라는 매우
우둔한 것처럼 보인다. 그러나 고릴라의 지능이 낮다고 생각한다면
잘못이다. 고릴라는 침팬지처럼 호기심이 많지는 않지만, 끈기는 훨씬
강하다. 기억력도 아주 좋으며, 사육되는 고릴라는 단지 보상을 얻기
위해서가 아니라 흥미 때문에 주어진 과제들을 수행할 때가 많다.
고릴라는 청각 장애자를 위한 수화와 같은 단어를 학습하고,
복잡한 추리 문제를 해결하는 능력이 있음을 보여 주었다.

◀◀ 서부로랜드고릴라가 오귀스트 로댕(Auguste Rodin)의 〈생각하는 사람〉을
연상시키는 자세로 동물원의 관람객을 주시하고 있다. 고릴라는 과연
얼마나 영리할까? 과학자들은 그 답을 알아 내려고 노력하고 있다.

작은 뇌 때문에
과소평가받은 유인원

몸 크기에 대한 뇌의 크기는 고릴라가 사람에 비해 훨씬 작다. 큰 머리와 높이 솟은 시상릉은 단지 씹는 근육을 위한 부속물일 뿐이다. 몸무게 160 kg인 고릴라의 평균 뇌용량은 500 cc이다. 물론 일부 고릴라는 더 큰 뇌를 갖고 있고, 750 cc에 이르는 뇌용량을 가진 예외적인 경우도 발견된 적이 있다. 이에 비해 몸무게 40 kg인 사람의 뇌용량은 약 1400 cc이다. 따라서, 몸무게에 대한 뇌용량의 비율은 사람이 1:43인 데 비해 고릴라는 1:320이나 된다.

뇌의 크기가 얼마가 되었든 간에 고릴라는 주위의 환경에 대해 배워야 하고, 그에 따라 자신의 행동을 변화시켜야 한다. 정보는 감각(청각, 시각, 후각, 미각, 촉각)을 통해 수집한다. 울창한 숲 속에서는 다른 동료의 위치를 파악하거나 위험을 감지하는 데 시각으로는 한계가 있기 때문에 뛰어난 청각이 필요하다. 고릴라는 평소에 나지 않던 이상한 소리에 민감하다. 먹이를 찾아 먹고 있는 고릴라 무리에게 다가가던 사람이 나뭇가지를 밟아 부러뜨리는 소리를 낸다면, 고릴라들은 그 소리를 무시할 가능성이 높다. 그렇지만 휴식을 취하고 있는 무리에게 다가가면서 같은 소리를 낼 경우, 고릴라들은 즉시 벌떡 일어나 그 소리의 원인을 알아보려고 할 것이다. 고릴라를 즉각 달아나게 만드는 유일한 소리는 사람의 목소리이다.

고릴라는 덤불 속의 움직임을 잘 파악하고, 먹기에 적당한 먹이를 발견하고 확인해야 하기 때

고릴라는 손가락을 사용해 사물을 아주 정밀하게 다룰 수 있다. 사진의 고릴라는 털고르기를 하고 있다.

수컷 마운틴고릴라가 다음 먹이를 찾으며
주위의 숲을 쳐다보고 있다. 마운틴고릴라는
숲 속에서 다양한 먹이를 먹으며,
각각 다른 방식으로 처리해 먹는다.

문에 시력도 좋다. 낮에 식물을 먹고 사는 고릴
라는 색깔도 잘 구별하는 것으로 생각된다. 유전
적 연구에 따르면, 고릴라는 사람과 똑같은 시각
색소를 만들어 내는 유전자를 가진 것으로 밝혀
졌기 때문에, 사람처럼 색을 잘 볼 수 있는 것으
로 생각된다. 이 능력은 예컨대 과일이 제대로
익었는지 구별하는 데 중요하다. 고릴라의 눈은
사람의 눈보다 초점이 더 가까이 맺히는데, 실제
로 먹이를 가까이에서 바라보거나 털고르기를
할 때의 고릴라는 근시인 것처럼 보인다. 고릴라
는 자기 손가락을 15 cm 이내의 거리에 놓고 바
라보며, 사물을 자기 눈 앞에 아주 가까이 갖다
댄다.

고릴라는 보통 정도의 후각 능력을 갖고 있으
며, 사육되는 고릴라가 물체를 자기 코에 갖다
대고 냄새를 맡는 것이 종종 목격된다. 야생 고
릴라는 사람의 땀이나 수컷 경쟁자의 분비물 냄
새와 같은 강한 냄새를 맡을 수 있다.

수컷 고릴라는 특히 흥분했을 때 몸에서 매우
자극적인 냄새가 나는데, 이것은 '사람의 땀과
거름과 숯 냄새가 섞인 냄새'로 묘사된다. 포식
동물이나 경쟁자와 마주칠 때 나는 이 강한 '공
포' 냄새를 분비하는 선(腺)은 겨드랑이에 있다.
이 냄새는 암컷에게서는 아주 약하게 난다.

수컷과 암컷 모두 손바닥과 발바닥에 분비선
이 있는데, 여기서는 행동권 내에서 이동하는 길
을 따라 냄새 메시지를 남기는 물질이 분비되는
것으로 생각된다. 암컷의 냄새(오줌과 생식기 주
변에서 나는 특별한 냄새)를 맡고서 실버백은 그

암컷의 생식적 상태가 어떤지 판단한다. 사람과 마찬가지로, 고릴라도 놀라면 펄쩍 뛰면서 심박동이 빨라지지만, 자극에 적응하는 속도는 침팬지보다 훨씬 느리다. 그렇지만 야생 고릴라의 정신 능력 중 대부분은 먹이를 찾아야 하는 필요성에 집중되어 있는 것처럼 보인다.

먹이를 찾는 프로그램

마운틴고릴라는 그다지 높은 뇌의 능력이 필요 없는 것처럼 보인다. 주위에 먹이가 풍부하게 널려 있고, 가끔 일어나는 무리 내의 싸움을 가라앉히거나 포식 동물이나 경쟁자를 물리치는 일을 제외하고는 신경쓸 일이 거의 없다. 그러나 실제로 고릴라는 이것보다 더 많은 일을 하는 것

은 아닐까?

고릴라는 먹이를 찾는 데 사용하는 일종의 생태학적 지능이 있다. 고릴라는 계절이 바뀌는 것을 느끼며, 좋아하는 과일이나 대나무가 언제 익고, 먹기에 적당한 새순이 언제 돋아나는지 안다는 것을 보여 주는 증거가 있다. 다른 무리가 차지하기 전에 특정 나무들을 향해 실버백이 곧장 나아가는 모습도 목격되었다. 로랜드고릴라는 주로 과일을 먹고 살지만, 마운틴고릴라는 늘 과일을 먹고 살 수는 없기 때문에 고산 지대의 이끼류 숲이나 온화한 목초지에서 구할 수 있는 먹이도 먹어야 한다. 마운틴고릴라는 초본 식물의 잎과 속대를 먹는데, 이것은 단백질과 미량 원소가 풍부하기 때문에 다육질 과일보다 영양학적으로

 ## 사람의 위협

고릴라 가족에게 가장 큰 위협 중 하나는 급속한 인구 팽창으로 인해 고릴라의 서식지가 파괴되는 것이다. 농업과 벌목으로 숲의 많은 면적이 사라져 가고 있다. 생활 공간이 없어지는 것은 말할 것도 없고, 다른 위험도 따른다. 예를 들면, 농작물을 훔쳐 먹던 고릴라가 살해되기도 한다. 무엇보다도 야생 동물고기 거래가 심각한데, 고릴라를 비롯해 야생 동물의 고기를 주민들이 먹거나 거래하는 관행이 있기 때문이다. 이것은 현재 야생 고릴라의 생존에 가장 심각한 위협으로 간주되고 있다. 고릴라의 신체 일부는 질병을 막아 주는 부적으로도 쓰이며, 관광객에게 기념품으로도 팔리고 있다. 카메룬 남부 지방에서는 고릴라의 털이 주술로부터 사람을 보호해 주며, 고릴라의 손가락이나 발가락을 임산부의 몸에 묶어 두면 아기가 건강하게 자란다고 믿고 있다. 고릴라는 위험에 대해 몸집과 힘과 허세를 과시하며 대처한다. 실버백은 적이 나타나면 똑바로 서서 가슴을 드러내 보임으로써 겁을 주려고 하는데, 이것은 사냥꾼에게 좋은 표적을 제공할 뿐이다.

실버백의 손이 중앙 아프리카의 시장에서 팔리고 있다.

▲ 마운틴고릴라가 식물 줄기를 붙잡는다. 엄지손가락은 사람의 것보다 작다.

▶ 고릴라는 가끔 먹이를 코나 입 가까이 갖다 대고 확인한다.

고릴라는 쐐기풀의 줄기에서 잎을 떼낸 다음(a), 그것을 쌈처럼 뭉쳐서(b) 먹는다.

더 낫다. 그러나 비룽가 산맥에서 자라는 많은 식물은 가시나 침, 갈고리 모양의 돌기가 나 있거나 소화가 잘 안 되는 딱딱한 조직으로 뒤덮여 있기 때문에 먹기가 쉽지 않다. 이러한 식물은 대개 소나 사슴, 영양의 먹이가 되는데, 이 동물들은 특별한 위가 있고 창자에는 셀룰로오스를 분해하는 세균들이 살고 있다. 고릴라는 손을 사용하여 식물을 다른 방식으로 처리한다.

고릴라가 잘 먹는 먹이 두 가지는 날카로운 쐐기털이 달려 있는 쐐기풀과 기어오르는 갈고리 모양의 덩굴로 덮여 있는 솔나물이라는 덩굴 식물이다. 식사를 하는 동안에 고릴라는 식물의 방어 기관에 찔리거나 다치지 않도록 손동작을 아주 정확하게 잘 조절해야 한다. 쐐기풀에서 가장 귀찮은 쐐기털은 줄기와 잎자루, 잎 가장자리를 따라 나 있기 때문에, 고릴라는 예민한 입술에 잎을 갖다 대기 전에 이것들을 잘 처리해야 한다. 가장 간단한 방법은 잎을 한 장 한 장 떼내어, 잎자루를 붙잡고 잎사귀를 먹는 것이지만, 이것은 그다지 효율적인 방법이 못 된다. 그 대신에 고릴라는 최대한 많은 양을 먹을 수 있는 방법을 개발했다. 먼저, 줄기 아랫부분을 붙잡음과 동시에 손을 원뿔 모양으로 만들어 위쪽으로 훑으면 잎들이 떨어져 나온다. 이 동작을 여러 번 반복하면서 훑은 잎들을 아래쪽 손에 거머쥔다. 한 손 가득 잎을 거머쥐고 다른 손에는 줄기를 붙잡은 채 양손을 비틀어 잎자루를 잎에서 떨어져 나가게 한다. 잎자루가 떨어져 나간 잎들은 그 다음 단계의 처리를 거치게 된다. 시든 잎이나 찌

꺼기를 조심스럽게 골라 내고, 잎 가장자리에 나 있는 쐐기털도 처리해야 한다. 고릴라는 한 손 가득 잎을 거머쥐고 엄지손가락 위에서 쐐기털 이 안쪽으로 들어가고, 털이 비교적 없는 잎의 밑면이 바깥쪽으로 오도록 구겨 쌈처럼 만든다. 그리고 이것을 입 속으로 넣는다.

덩굴 식물의 경우에는 또 다른 문제가 있다. 작은 갈고리들이 목에 걸릴 경우, 고릴라는 숨이 막힐 수도 있다. 그래서 고릴라는 부드러운 녹색 줄기를 선택하여 한 손으로 그것들을 모으고, 다른 손으로 꺾은 줄기를 계속 거기에 합친다. 시든 잎을 세심하게 골라 낸 후, 줄기 다발을 턱으로 물고 빙빙 돌리면서 어금니로 자른다.

학습 과정

고릴라가 어려운 먹이를 다루는 복잡한 방법 은 학습을 통해 배운 행동이며, 자동적으로 일어 나는 과정이 아니라 스스로 통제하는 행동이라 는 것은 의심의 여지가 없다. 고릴라가 한 손에 쥔 쐐기풀이나 솔나물 다발에다가 새로운 것을 계속 더할 수 있다는 사실은 고릴라가 그 과정을 파악하고 있으며, 그것이 전체 과정 중에서 어디

◀ '습관화'된 마운틴고릴라 무리와 함께 지내면서 연구하는 현지 조사 연구자는 아주 가까이에서 고릴라의 행동을 관찰할 수 있다.

▶ 콩고의 브라자빌에 있는 한 동물 고아원에서 세 살배기 고릴라가 사육사를 명예 고릴라처럼 취급하고 있다.

 ## 보존과 연구

야생에서 살아가는 고릴라는 숲의 파괴와 야생 동물 고기 거래, 전쟁의 참화로 인해 위협받고 있다. 다이언 포시 고릴라 기금이나 아프리카 야생동물재단의 국제고릴라보호계획과 같은 많은 야생동물보호단체들은 현지 조사와 적극적인 보호 운동을 지원하고 있다. 이러한 관심에도 불구하고, 고릴라는 CITES(Convention on International Trade in Endangered Species : 멸종 위기 종의 국제 거래에 관한 협약)에서 '멸종 위험이 있는 종'으로, IUCN(세계자연보호연맹)의 레드 데이터 북 (Red Data Book : 적색 자료책)에서는 '멸종 위기 종'으로 분류되고 있다. 적도기니와 나이지리아에 살고 있는 고릴라 집단은 '심각한 멸종 위기에 처한' 것으로 간주되고 있다. 고릴라가 '멸종' 동물로 기록되지 않도록 하기 위해 많은 과학자들과 자연보호론자, 평범한 시민들이 많은 노력을 기울이고 있다.

다이언 포시의 무덤은 밀렵꾼들이 죽인 마운틴고릴라들의 무덤 근처에 있다.

▲ 마운틴고릴라는 가끔 국립공원 근처에 있는 농장에서 자라는 농작물을 먹기도 한다. 이 때문에 살해당하는 고릴라들도 있다.

▶ 밀렵꾼이 죽인 마운틴고릴라의 시체를 공원 관리인들이 운반하고 있다. 이 지역에서는 전쟁이 자주 일어나기 때문에 피난민들이 야생 동물의 고기를 먹기 위해 고릴라를 죽이기도 한다.

에 해당하는지 정확하게 알고 있음을 말해 준다. 만약 그렇지 않다면, 고릴라는 혼동을 일으켜 먹을 수 없는 부분을 솎아 내는 일을 멈춘다거나 턱으로 덩굴을 물고 돌리는 대신에 쐐기풀을 물고 돌릴지도 모른다. 고릴라는 그러한 행동을 하지 않을 만큼 충분히 영리하다.

학습 과정은 갓난 새끼 때부터 시작된다. 태어난 날부터 새끼는 어미의 젖을 빨 때 식물 부스러기를 뒤집어쓰게 되는데, 나중에 새끼가 세상을 바라보기 시작할 때 그 식물들을 숲에서 다시 확인하게 된다. 그 다음에 새끼는 쐐기풀 잎과 덩굴 식물 줄기를 먹을 수 있도록 만드는 정교한 과정을 배운다. 새끼고릴라는 이 모든 것을 젖을 떼는 세 살이 되기 훨씬 이전에 배운다. 이것을 가르쳐 주는 선생님은 어디나 함께 다니는 어미일 수도 있고, 무리 중에서 식사 시간에 어떤 의미 있는 접촉을 할 수 있는 유일한 구성원인 실버백이 될 수도 있다. 무리 중의 다른 고릴라는 먹이를 먹는 동안에 새끼나 그 어미의 존재를 너그럽게 보아 주지 않으며, 또 어차피 덤불에 가려 보이지도 않는다. 아마도 새끼는 어미가 하는 것을 보고 모방함으로써 전반적인 기술을 배우고, 시행착오를 통해 그것을 정교하게 다듬을 것이다. 이 두 가지 행동은 모두 지능을 사용해야 가능하다. 따라서, 새끼고릴라는 달콤한 검정딸기가 가시투성이의 줄기에 붙어 있는 것을 발견하면, 입술을 젖히고 앞니만을 사용해 가시투성이의 줄기로부터 검정 딸기와 잎을 정교하게 훑어 내는 법을 배우게 된다. 고릴라는 겉보기보다는 훨씬 영리하다.

언어 능력

야생에서 살아가는 고릴라를 상대로 지능적인 행동을 시험하기는 어렵지만, 사육되는 고릴라는 고릴라의 마음을 들여다볼 수 있는 창을 제공해 줄 수 있다. 이 목적을 위해 고릴라에게 특수 언어를 가르쳐 보았다. 고릴라의 발성 기관으로는 사람의 말을 발음할 수 없기 때문에, 그 대신에 수화를 가르쳤다. 가장 각광을 받은 학생은 코코라는 암컷 로랜드고릴라로, 현재 캘리포니아 북부에 있는 고릴라재단의 연구 시설에서 살고 있다. 코코를 가르친 선생은 수화의 선구자인 프랜신 패터슨(Francine Patterson)으로, 코코가

어미를 잃은 야생 새끼고릴라는 노는 것도 그만두고, 식욕을 잃고, 깊은 침울 상태에 빠지는데, 이것은 1년이나 계속될 수도 있다.

◀ 펜으로 종이 위에 '글씨를 쓰는' 코코. 입술 사이로 내민 혀는 집중할 때 나오는 행동으로, 야생 고릴라에게서도 볼 수 있다.

▲ 코코는 어릴 때부터 이미 손을 움직이는 동작에 고도의 집중력을 기울이면서 그림을 그렸다.

▲코코의 그림은 코코의 마음과 감정을 엿볼 수 있는 흥미로운 기회를 제공한다.

 ## 도구의 사용

고릴라는 침입자에게 식물을 던지는 등 간단한 무기를 사용하긴 하지만, 침팬지나 오랑우탄처럼 도구를 사용하지는 못한다. 그렇지만 이것이 반드시 고릴라의 지능이 낮다는 증거가 되지는 못한다. 야생 상태에서 배불리 만족하며 살아가는 고릴라는 도구를 사용할 필요성을 느끼지 못한다. 그러나 사육되는 고릴라에게는 온갖 종류의 도구를 사용하여 문제를 해결하도록 가르칠 수 있다. 어린(생후 15~38개월 된) 로랜드고릴라와 짧은 꼬리원숭이를 대상으로 한 실험에서 두 동물은 모두 줄을 사용해 물체를 끌어당기고, 막대를 사용해 물체를 움직일 수 있다는 것을 보여 주었다. 짧은꼬리원숭이는 임의적인 방식으로 그러한 행동을 했지만, 고릴라는 주어진 어떤 문제를 푸는 데 훨씬 유연한 반응을 보였다. 또 다른 실험에서는 고릴라와 오랑우탄과 긴팔원숭이를 대상으로 걸쇠를 풀거나 어떤 물체를 도로 집을 때 어떤 손을 주로 사용하는지 알아보았다. 오랑우탄은 양손을 거의 같은 비율로 사용했고, 긴팔원숭이는 주로 왼손잡이였고, 고릴라는 주로 오른손잡이였다. 사육 상태에서 살아가는 고릴라는 뛰어난 미술가이다. 고릴라는 그림을 그리는데, 특히 밝은 포스터 컬러로 그림을 그리며, 예상 밖으로 그림에 깊이 집중한다. 심지어 그림을 그리다가 방해를 받으면 매우 기분 나빠하며, 종이를 한 장 뜯어 내어 또 다른 그림을 그리는 걸 보면, 그림이 언제 완성되었는지도 아는 것처럼 보인다.

코코가 선생인 패터슨 박사로부터
'좀더'라는 수화 신호를 배우고 있다.

어린 코코는 플라스틱 장난감 악어를 처음 봤을 때 겁을 냈다.
이제 코코는 그러한 두려움을 극복했고, 오리혀 작은
고무 악어로 사람 친구에게 겁을 주려고 한다.

 ## 거울 테스트

유인원은 일반적으로 원숭이보다 더 지능이 높은 것으로 여겨지는데, 과연 그럴까? 원숭이
가 할 수 없지만 유인원이 할 수 있는 일에는 정확하게 어떤 것이 있을까? 유인원과 원숭이
를 대상으로 자신을 알아볼 수 있는지 실험을 해 보았다. 이 실험은 오로지 거울을 통해서만
볼 수 있는 얼굴이나 신체의 특정 부위에 어떤 표시 자국을 내는 방법을 사용한다. 만약 자
기 몸에서 그 자국을 확인하고 그것을 없애려고 노력한다면, 이 '거울 테스트'에 통과한 것
으로 간주된다. 원숭이는 자신을 인식하지 못하는 것처럼 보이는데, 흔히 거울 뒤에 다른 원
숭이가 없나 살피러 갔다. 이와는 대조적으로, 침팬지와 오랑우탄은 자신을 인식할 줄 알고
그 자국을 없애느라고 집중하는 모습을 보였다. 코코 역시 이 거울 테스트를 통과하였다. 다
른 대형 유인원과 마찬가지로, 고릴라도 자기 인식을 할 수 있다.

살아간 생애의 대부분을 코코와 함께 살았다. 코코에게는 선생과 대화를 나눌 수 있도록 하기 위해 귀먹은 사람을 위한 미국식 수화 사용법을 가르쳤다. 코코는 수백 개의 수화 단어를 배웠고, 간단한 단어와 구를 연결시킬 수도 있었다. 그러나 코코는 그 중 얼마나 많은 것을 이해하며, 진정한 언어 능력은 어느 정도일까? 코코의 이러한 행동은 단순한 흉내내기에 불과한 것일까, 아니면 고릴라와 사람을 잇는 편리한 접속 장치를 사용해 실제로 사람과 대화하는 법을 배우고 있는 것일까?

수화 연구를 어떻게 해석해야 하는지에 대한 최종 결론은 아직 내려지지 않았지만, 코코와 동료 고릴라 마이클이 보여 준 성과는 사실 놀랄 만한 것이다. 코코는 수화를 아주 빨리 익혔으며, 맨 먼저 선택한 단어들은 고릴라의 마음에 드는 '음료수', '음식', '좀더' 였다. 그 다음에는 두 개의 단어를 연결시키기 시작했다. 예를 들면 '시리얼'과 '우유'를 섞은 것을 '음식 음료수'로 표현했다. 그 다음의 비약적인 발전은 코코가 질문을 던진 것이었다. 코코는 머리를 쳐들고 시선을 멈추면서 어떤 진술을 질문으로 바꾸었다. 한번은 밖에서 딱따구리가 나무를 쪼고 있을 때, 선생이 코코에게 "코코, 새 소리를 들어 봐."라는 수화 신호를 보냈다. 그러자 코코는 선생의 눈을 바라보면서 '새'라는 신호를 나타낸 뒤, 눈썹을 치켜올리면서 "새?"라고 묻는 표정을 나타냈다.

코코가 사용하는 수화 단어에는 '배꼽', '친구', '막대 사탕', '비행기', '청진기' 등도 포함된다. 코코는 인형을 가지고 놀며, 그림책을 보고, 혼자서 수화 신호를 하면서 사물에 이름을 붙여 준다. 그러나 아이들과 마찬가지로, 코코도 자기가 노는 동안 사람들이 지켜보는 것을 좋아하지 않는다. 코코는 거짓말도 할 줄 아는데, 싱크대를 부순 것과 같은 잘못된 행동에 대해 그 책임을 자기가 아니라 선생에게 돌리려고 시도했

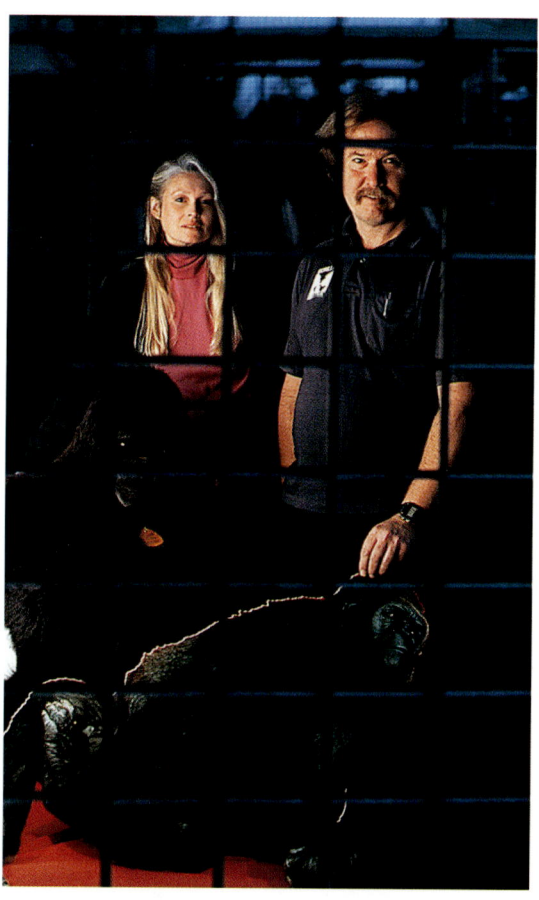

코코는 고릴라 중에서 유명 인사가 되었다. 연구소측에서는 코코 모양의 인형과 오려붙이기 종이 모형을 팔아 연구 기금을 마련하고 있다. 연구는 계속되고 있다. 코코는 이제 컴퓨터 화면상에 뜬 아이콘을 만짐으로써 그것과 관련된 단어를 컴퓨터 음성으로 말할 수 있다.

다. 코코는 '더러운'이나 '변기'와 같은 불경스러운 말을 사용해 상대방을 모욕하는 법도 배웠으며, 때로는 뜻밖의 행동을 보이기도 한다. 한번은 '음료수'를 수화로 나타내 보라고 했더니, 그 전에 수많이 했음에도 불구하고 하루 종일 그렇게 하길 거부했다. 마침내 선생이 코코에게 애원하자, 코코는 심드렁하게 앉은 채 씩 웃으면서 완벽하게 '음료수' 신호를 보였지만, 입에다 대고 한 게 아니라 귀에다 대고 했다.

왜 고릴라가 수화를 이런 식으로 배울 수 있는지는 불확실하다. 자연 속에서 살아가는 고릴라는 협력하며 살아가야 하는 사냥 동물과는 달리 미래에 대해 생각할 필요가 없는 소와 비슷한 영장류라고 생각했던 적이 있었다(협력하는 사냥 동물은 아무리 간단한 것이라 하더라도 약간의 계획과 심지어는 의논이 필요하다).

그러나 야생에서 살아가는 고릴라는 모든 종류의 사회적 기술에 뛰어나다는 것이 명백하다. 고릴라는 오랫동안 지속되는 사회적 집단을 이루어 살며, 서로 밀접한 관계의 작은 집단 속에서 효율적으로 행동할 수 있어야 한다. 이것은 뇌가 커지는 방향의 진화를 낳았다. 대부분 혈연 관계가 없는 암컷들로 이루어진 집단에서 마주치게 되는 경쟁과 협조라는 상반된 압력을 융화해야 할 때, '앞일을 생각하는' 능력은 아주 중요하다.

실제로, 야생에서 살아가는 고릴라는 그들만의 몸짓과 목소리 '언어'를 갖고 있으며, 이것은 폐쇄적인 사회에서는 아주 중요하다. 언어가 풍부하게 사용되는 사육 환경에서 고릴라가 수화를 통해 우리에게 말을 할 수 있는 것은 바로 이러한 사회적 필요 때문인지도 모른다. 그러나 1847년에 우리가 고릴라를 처음 발견한 이래 고릴라를 어떻게 대해 왔는가를 생각한다면, 수화를 배운 야생 고릴라가 우리에게 과연 어떤 말을 할지 궁금하다.

◀ 공원 관리인이 밀렵꾼이 쳐 놓은 올가미를 제거하고 있다. 이 올가미는 영양을 잡기 위해 쳐 놓은 것이지만, 종종 고릴라가 이 올가미에 손이나 발이 걸리기도 한다.

▼ 비룽가 산맥의 생태 관광에 나선 관광객들은 사람에게 익숙해진 마운틴고릴라 무리에 가까이 다가가 관찰할 수 있다.

▲ 고릴라의 세계에 접근이 허용된 현지 조사 연구자. 그러나 야생에서 고릴라를 볼 수 있는 날이 얼마나 오래 남아 있을까?

▶▶ 만약 사람들이 계속 고릴라를 죽여 간다면, 장래에 우리가 고릴라를 볼 수 있는 장소는 동물원뿐일 것이다.

 ## 위험에 처한 고릴라

황금사자타마린처럼 위기에 처한 일부 동물에게는 동물원과 연구 시설이 최후의 피난처가 되고 있다. 사육 번식시켜 자연 속으로 되돌려 보내는 계획은 어떤 종의 멸종을 막기 위한 최후의 노력이다. 고릴라는 아직 이런 처지에까지 이르지는 않았지만, 전세계의 동물원들은 최악의 상황에 대비하여 확실한 사육 번식 계획을 마련하고 있다. 한편, 아프리카에서는 야생동물보호기구들이 현지 주민들에게 고릴라와 그 서식지를 보존하는 것이 얼마나 중요한지 가르치는 활동을 펼치고 있다.

르완다에서 자연 보호 영화를 주민들에게 보여 주고 있다.

찾아보기